高等职业教育“十四五”规划教材

兽医临床诊疗技术

余勋信　徐　磊　蔡友忠　主编

中国农业大学出版社
·北京·

内 容 简 介

本教材以培养高素质兽医诊疗技术技能型人才为目标，依据诊疗工作岗位的职责与技能要求，确立岗位理论、技能与职业素养人才培养目标，培养具备动物医学基础理论和临床医学知识，掌握兽医临床诊疗技术的基本理论和临床操作技能，具备良好的职业道德、人文素养，能在畜牧兽医基层单位从事动物临床诊疗技术工作的技能型专门人才。本教材内容包括临床检查技术、实验室检查技术、临床治疗技术和动物常见急症处置，集教、学、训于一体，突出诊疗技能实践操作和临床应用，强调“怎么做”，以提升解决实际问题的能力。本教材既适合我国高等职业教育畜牧兽医类、动物医学类、动物防疫与检疫类专业教师和学生使用，也可供基层畜牧兽医临床工作者使用，全面涵盖国家高级动物疫病防治员职业标准，也是职业岗位资格证书“高级动物疫病防治员”的技能培训与鉴定教材。

图书在版编目(CIP)数据

兽医临床诊疗技术 / 余勋信，徐磊，蔡友忠主编. -- 北京：中国农业大学出版社，2024. 7.
ISBN 978-7-5655-3254-2

Ⅰ. ①S854

中国国家版本馆 CIP 数据核字第 2024HR1692 号

书　名　兽医临床诊疗技术
作　者　余勋信　徐　磊　蔡友忠　主编

策划编辑　康昊婷　　**责任编辑**　许晓婧
封面设计　郑　川　李尘工作室
出版发行　中国农业大学出版社
社　址　北京市海淀区圆明园西路 2 号　　**邮政编码**　100193
电　话　发行部 010-62733489，1190　　编辑部 010-62732617，2618
出版部 010-62733440　　读者服务部 010-62732336
网　址　http://www.caupress.cn　　**E-mail**　cbsszs@cau.edu.cn
经　销　新华书店
印　刷　河北朗祥印刷有限公司
版　次　2025 年 1 月第 1 版　2025 年 1 月第 1 次印刷
规　格　185 mm×260 mm　16 开本　11.75 印张　285 千字
定　价　36.00 元

编写人员

主　编　余勋信（福建农业职业技术学院）
　　　　徐　磊（福建农业职业技术学院）
　　　　蔡友忠（福建农业职业技术学院）

副主编　廖惠珍（福建省福州市长乐区乡村振兴发展中心）
　　　　林秋敏（福建农业职业技术学院）
　　　　金艳冬（福建省三明市动物疫病预防控制中心）
　　　　林映升（福建省漳州市农业农村局）
　　　　黄雅萍（闽江师范高等专科学校）
　　　　张体银（福州海关技术中心）
　　　　杨孟鸿（赣州职业技术学院）
　　　　傅光华（福建省农业科学院畜牧兽医研究所）
　　　　李中华（福建省动物疫病预防控制中心）

参　编　刘秉珲（福建农业职业技术学院）
　　　　刘素萍（福建省三明市动物疫病预防控制中心）
　　　　邱拥仁（福建省三明市动物疫病预防控制中心）
　　　　杨雪梅（福建省南靖县农业农村局）
　　　　谢开春（福建农业职业技术学院）
　　　　林祚贵（福建农业职业技术学院）
　　　　万培伟（江西生物科技职业学院）
　　　　钟　敏（江西省赣州市畜牧水产研究所）
　　　　潘书磊（福建农业职业技术学院）
　　　　王彩华（福建省周宁县农业农村局）
　　　　陈上永（福建省寿宁县动物疫病预防控制中心）

管远红（江苏农牧科技职业学院）
曾作财（江西农业工程职业学院）
林雪玲（福建农业职业技术学院）
傅秋玲（福建省农业科学院畜牧兽医研究所）
陈红梅（福建省农业科学院畜牧兽医研究所）
林　莉（福建农业职业技术学院）
陆思婷（福建省光泽县动物疫病预防控制中心）
丘伟娟（福建汀江源国家级自然保护区管理局）
赖宝色（福建农业职业技术学院）
刘荣昌（福建省农业科学院畜牧兽医研究所）
梁齐章（福建省农业科学院畜牧兽医研究所）
江南松（福建省农业科学院畜牧兽医研究所）
刘道泉（福建省福州市动物疫病预防控制中心）
郑庆礼（福建农业职业技术学院）
郭晓建（福建农业职业技术学院）
宋晓宏（福建农业职业技术学院）
胡小榕（福建农业职业技术学院）
毛坤明（福建省福清市畜牧兽医中心）
周　密（福建省福州市动物疫病预防控制中心）
汪易琳（福建省闽侯县畜牧兽医站）

审　稿　林柏全（福建省畜牧兽医学会）

前言 Preface

兽医临床诊疗技术是畜牧兽医类专业一门重要的临床技术课程，主要目的是培养学生掌握动物疾病诊断、治疗的基本技术。党的二十大报告指出，教育是国之大计，党之大计。培养什么人、怎样培养人、为谁培养人是教育的根本问题。

本教材以校政企合作为基础，以工学结合为核心，以工作行动为主线，以工作岗位为导向，以任务为驱动，建立兽医临床诊疗技术实践体系，实现培养高素质技术技能型人才的培养目标。教材系统地研究了动物疾病诊断和治疗基本技术、技能和方法，并面向我国现代兽医职业技术教育和兽医临床实际需要，突出实用性和实践性，力求反映国内外有关最新研究成果和职业教育特色。诊疗动物以牛、猪、禽、犬为主体，根据学生就业岗位任职要求，按照职业资格标准，结合兽医科学技术特点和多年临床门诊、教学改革经验，开发了基于工作过程的课程体系与教学内容，包括临床检查技术、实验室检查技术、临床治疗技术和动物常见急症处置。

本教材依据诊疗工作岗位的职责与技能要求，确立了岗位理论、技能与职业素养人才培养目标，力求培养具备动物医学基础理论和临床医学知识，掌握兽医临床诊疗技术的基本理论和临床操作技能，具备良好的职业道德、人文素养，能在畜牧兽医基层单位从事动物临床诊疗技术工作的技能型专门人才。

课程安排在诊疗实训室进行基本技能训练，在动物医院见习、顶岗实习，以动物临床诊疗技术工作岗位的诊疗项目为教学内容，课程的学习在学校和动物医院交替进行，由动物医院一线医生指导学生实训。学生的训练、考核是临床的实际诊疗项目，让学生在学习过程中切身感受工作岗位的环境和工作任务，实现学习环境与就业工作岗位的一致性。

由于编者水平有限，教材编写形式及内容难免存在不妥之处，恳请专家、同仁不吝指正。

编　者

2024 年 6 月

目录 Contents

学习情境一 临床检查技术

在兽医临床工作中，为了诊断疾病，常需应用各种特定的检查方法，以获得能用于疾病诊断的症状和资料，这些特定的检查技术称为临床检查技术。临床检查技术是兽医临床诊断技术的基本技能，是应用临床检查的基本方法，对动物进行临床一般检查，并根据需要对相应系统的组织器官进行感官检查，及时发现各种临床症状，并进行分析，以获得第一手资料，为疾病诊断打下基础。

学习目标

1. 熟练掌握各种动物的保定技术；
2. 熟悉临床检查的基本方法，开展临床一般检查；
3. 掌握对动物的心血管系统、呼吸系统、消化系统、泌尿生殖系统和神经系统的检查要点；
4. 能对临床检查结果进行正确的分析，发现病理变化。

任务一　动物的保定方法

在进行常规兽医临床检查前，为了确保检查过程的顺利进行、检查结果的准确有效及兽医工作者的人身安全，需要对待检动物进行接近和保定方法。掌握常见动物的接近和保定方法，可以明显提高临床检查的质量和效率，同时对动物造成的影响也降到最低程度。

学习目标

1. 熟练掌握各种动物的简易保定、柱栏保定、绳索保定方法；
2. 了解化学保定的基本概念和基本方法。

技能一　动物的接近

动物的接近是指通过直接或者利用呼唤、肢体语言等方法靠近待检动物，使其放松警惕，从而接受兽医的抚摸和检查。

1.接近动物方法

(1)猪和羊的接近　从前方接近可抓住羊角或猪耳，从后方接近时抓住尾部；对于卧地的动物可在腹部轻轻搔痒，使其安静后再进行检查。

(2)牛的接近　呼唤牛，从正前方或正后方接近，不可从后侧方接近。

(3)犬、猫的接近　在主人或饲养人员的协助下，呼唤犬、猫的名字，从其前方或前侧方去接近，以温柔的方式轻轻抚摸其额头部、颈部、胸腰两侧及背部，然后进行检查和治疗。

(4)马的接近　从前侧方接近，不可从正前方或正后方接近。

2.接近动物注意事项

(1)接近动物前应向动物主人或有关人员了解被接近动物有无恶癖，做到思想上有所防备。

(2)检查者应熟悉各种动物的习性，特别是异常表现(如牛低头凝视、前肢刨地；犬、猫龇牙咧嘴、吠叫等)，以便及时躲避或采取相应措施。

(3)接近动物时，应首先用温和的声音和动物打招呼，然后再接近。

(4)接近后，可用手轻轻抚摸病畜的颈侧或臀部，待其安静后，再行检查；对猪，在其腹下部用手轻轻搔痒，使其静立或卧下，然后进行检查。

(5)检查大动物时，应将一手放于病畜的肩部或髋结节部，一旦病畜有剧烈骚动或抵抗时，即可作为支点迅速向对面推动避开。

(6)在接近被检动物前应了解患病动物发病前后的临床表现，初步估计病情，防止恶性传染病的接触传染。

技能二　动物的保定

【技能目标】

保定的目的，主要在于防止动物骚动，便于检查和处置，并保障人畜的安全。保定的方法有物理保定法和化学保定法。一般兽医临床对畜禽的保定大多是物理保定法，如简易保定法、绳索保定法、柱栏保定法等，对野生动物和非常凶猛的动物可采用化学保定法。

【材料与设备】

牛鼻钳，鼻捻棒与绳套，柱栏，保定绳，网架，化学保定药物：氯胺酮、保定灵、新保灵等，长柄注射器，麻醉枪。

【内容与方法】

一、物理保定法

(一)简易保定法

1. 牛的简易保定方法

(1)徒手握牛鼻保定法　先用一手拉提鼻绳、鼻环或用一手的拇指与食指、中指捏住牛的鼻中隔加以保定(图 1-1)。

(2)牛鼻钳保定法　将鼻钳的两钳嘴夹入两鼻孔,并迅速夹紧鼻中隔,用手握持钳柄,也可用绳系紧钳柄固定到桩柱上。此法主要适用于一般检查。

图 1-1　徒手握牛鼻保定法

2. 马的简易保定方法

(1)鼻捻保定法　将鼻捻子的绳套套于左手上并夹于指间,右手抓住笼头,持有绳套的手自鼻梁向下轻轻抚摸至上唇时,迅速有力地抓住马的上唇,此时右手离开笼头,将绳套套于唇上,并迅速向一方捻转把柄,直至拧紧为止(图 1-2)。

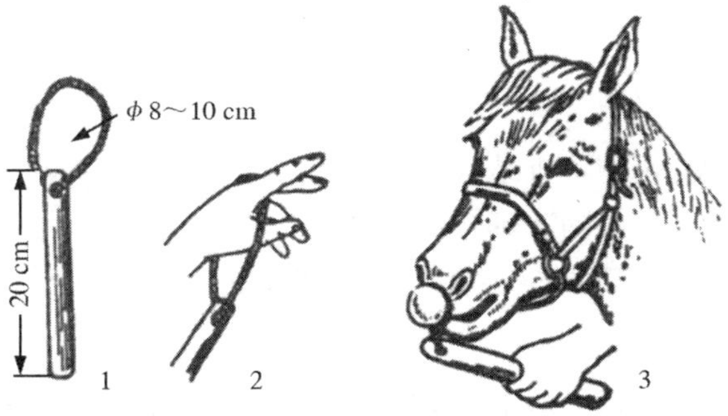

图 1-2　马的鼻捻保定法

1. 鼻捻棒及绳套　2. 绳套夹于指间的姿势　3. 拧紧上唇

(2)耳夹子保定法　先将一手放于马的耳后颈侧,然后迅速抓住马耳,以持夹子的手迅即将夹子放于耳根部并用力夹紧,此时应握紧耳夹,免因骚动、挣扎而使夹子脱手甩出甚至伤人等。

(3)唇绳保定法　用长绳(被检马的缰绳即可,但不宜过粗过硬)一端系于笼头颊环上;一手握住上唇,另一手持绳游离端自下而上绕过上唇并穿过绳的内面,然后用力牵引绳游离端(图 1-3)。此法主要适用于临床的一般检查或简单处置。

图 1-3　马的唇绳保定法

3. 猪的简易保定方法

(1)站立保定法　在猪群中,可将其赶至猪栏的一角,使其相互拥挤而不便骚动,然后进行检查、处置。欲捉住猪群中某一猪只进行检查时，可迅速抓提猪尾、猪耳或后肢，并将其拖出猪群，然后做进一步的保定。此法适于检查体温、臀部的肌内注射及临床的一般检查。

（2）绳套保定法　在绳的一端做一活套，使绳套自猪的鼻端滑下，当猪只张口时迅速使之套在猪上颌骨犬齿的后方，并即勒紧，由一人拉紧保定绳的一端，或将绳拴于木桩上，此际，猪只多呈用力后退姿势，从而可保持安定的站立状态。套绳的材质可用麻绳或金属制的柔丝绳（图 1-4）。此法适用于体格较大的猪只、带仔母猪或大公猪的保定，可用于投药、注射等。

（3）提举保定法　抓住猪的两后肢飞节并将其后躯提起，用腿夹住其背部；也可抓住猪的两耳，迅速提举，使猪腹面朝前，并以膝部夹住其颈胸部而固定之（图 1-5）。此法适用于一般检查、腹腔注射、阴囊疝手术及小公猪的阉割。

图 1-4　猪的绳套保定法

1. 猪只保定后的姿势　2. 绳套的结法

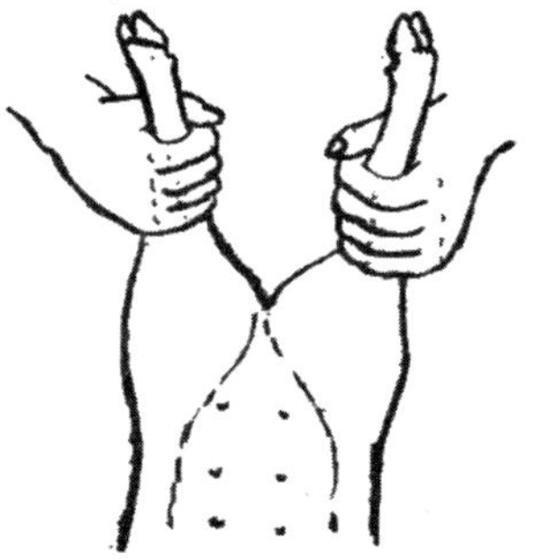

图 1-5　猪的提举后肢保定法

（4）猪只保定时的注意事项

①避免剧烈追赶，以免影响检查结果。

②对心血管、呼吸系统异常的猪不宜强行保定。

③依检查、处置或手术的需要，可采取其相应的保定方法。

4. 犬的简易保定方法

（1）口笼或口网保定法　给犬戴上口笼或口网即可。此法适用于检查体温、注射及一般的临床检查。

（2）绷带保定法　将绷带套入犬齿后，绕至上颌后再绕至下颌缠系紧，然后绕系至耳后颈部。此法适用于体格较大的犬只的保定，也可用于投药、注射等。

（3）四肢捆绑保定法　给犬戴上口笼或口网后，左右前后肢分别用绷带进行固定。此法适用于体格较大的犬只的保定，也可用于投药、注射等。

（4）保定台架保定法　用木头或金属制成保定台，把犬用皮带固定在保定台上或者用绷带将四肢分别固定在保定台上。此法适用于大型犬或者腹腔手术。

（二）柱栏保定法

柱栏保定法适用于大动物的临床检查和治疗。

1. 单柱颈绳保定法

将保定动物的颈部紧贴于单柱或树干上，以单绳或双绳做颈部活结固定（图 1-6）。此法适用于野外临床一般检查或治疗时保定。

2. 二柱栏保定法

将牛或马牵至二柱栏前柱旁，先做颈部活结使颈部固定在前柱一侧。再用一条长绳在前柱至后柱做水平环绕，将保定动物围在前后柱之间，然后用绳在胸部或腹部做上下、左右固定，最后分别在鬐甲和腰上打结。必要时可用一根长竹竿或木棒从右前方向左后方斜过腹部，前端在前柱前外侧着地，两端加以固定（图 1-7）。此法适用于灌药或投胃导管、马的检蹄及装蹄等。

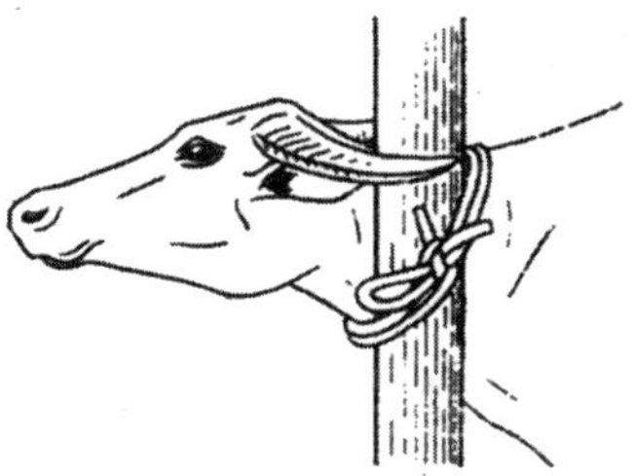

图 1-6　单柱颈绳保定法

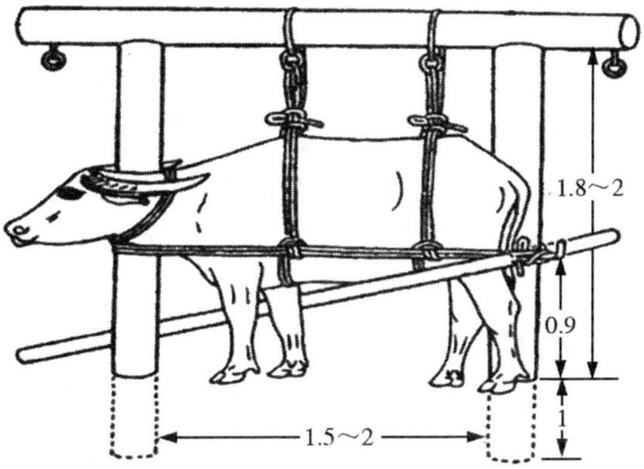

图 1-7　二柱栏保定法（单位：m）

3. 四柱或六柱栏保定法

牵牛或马入四（六）柱栏，上好前后保定绳即可保定。必要时可加上背带和腹带。柱栏可用钢管制成，管直径为 8～10 cm，可参照图 1-8 制作。此法适用于临床一般检查、直肠检查、外科处置及手术等。

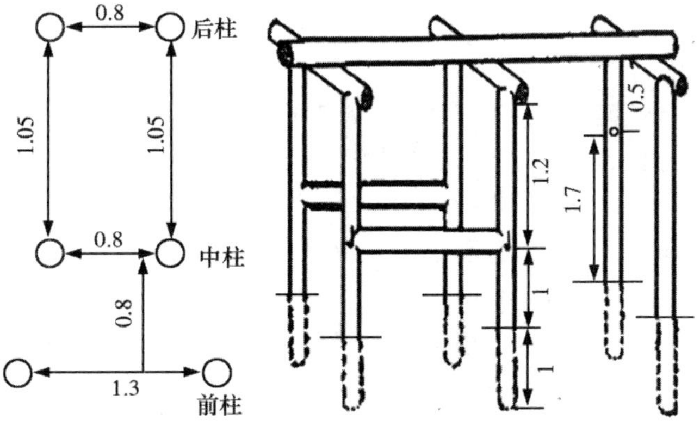

图 1-8　六柱栏及其结构示意图（单位：m）

（三）绳索保定法

1. 牛的倒卧保定法

由三人倒牛、保定，一人保定头部（握鼻绳或笼头）。取约 10m 长的圆绳一条，折成长、短两段，于折转处做一套结并套于左前肢系部；将短绳一端经胸下至右侧并绕过背部再返回左侧，由一人拉绳保定，另将长绳引至左髋结节前方并经腰部返回绕一周，打半结，再引向后方，由二人牵引。让牛向前走一步，正当其抬举左前肢的瞬间，三人同时用力拉紧绳索，牛即先跪下而后倒卧，一人迅速固定牛头，一人固定牛的后躯，一人迅速将缠在腰部的绳套向后拉并使之滑到两后肢的跖部，拉紧绳套，最后将两后肢与左前肢捆扎在一起。此法适用于去势及腹部、会阴部外科手术等。

2. 单绳倒马法

用长约 12 m 的绳，其一端系一铁环(内径 8～10 cm)。先将系有铁环的一端绕颈一周，在欲卧侧的对侧颈基部打结，使铁环放于马肘部后上方，铁环自然下垂；将绳另一游离端通过腹下，再行至卧侧后肢系部，从系部的内侧向后、外侧绕行，再将游离端从铁环的下方(靠马体部)插入环内，从环穿过、经背腰部，将绳端引向卧侧后方，用右手拉紧，使卧侧后肢悬起，再用左手握紧缰绳，把马头转向卧地的对侧，加大回头的姿势。同时用两肘强压马的背腰部，马体失去平衡而随即卧倒在地。当马卧倒之后，应仍使头部保持倒卧的回头姿势，并迅速用绳的游离端固定另一后肢，之后将马头放于平地上，加以固定。此法主要适用于公马的去势及直肠检查等。

(四)注意事项

①在所有的保定过程中，固定绳均应打活结，以便于解开，防止发生意外事故。

②保定用的绳索必须结实可靠以防断裂。

③保定的动物不宜过饱。

④倒卧的地面不宜太坚硬，应选择平坦的土质地面，头部应铺上软垫。在固定四肢时，术者应站于适当的位置，注意安全，在整个放倒过程中，应尽量注意避免保定动物损伤及骨折等。

二、化学保定法

化学保定法是使用化学药物，使野生动物和非常凶猛的动物暂时失去运动能力，以便将其捕捉、运输或诊治的一种保定方法。一般使用在动物园、野生动物驯养场等地方。

1. 化学保定用药物

用于动物化学保定的药物很多，临床用得较多的有：

(1)氯胺酮　适用于肉食动物、灵长类动物以及除草食动物以外的大多数哺乳动物。一般与阿托品同时使用。

(2)保定灵　英国某公司生产，适用于大多数草食动物。

(3)新保灵　主要成分为噻芬太尼。其系列产品有新保灵注射液、保定Ⅰ号、保定Ⅱ号，并配有保定后促使苏醒的药回苏Ⅰ号。这是动物园作为动物保定的主要药物。

2. 保定方法

(1)利用特殊注射器注射给药　常用的有吹管注射器和长柄注射器。

(2)利用麻醉枪给药　麻醉枪有近距离麻醉枪(射程 15～20 m)和远距离麻醉枪(射程 50 m 左右)。

复习思考题

1. 保定的目的是什么？

2. 常用的保定方法有哪些？

任务二 临床检查的基本方法

为了全面而系统地搜集病畜的症状，并通过科学的分析以做出正确的诊断，临床检查工作应该有计划、有步骤地按一定程序进行，避免遗漏某些症状，从而获得完整的病史及症状资料。临床检查的基本方法是对动物进行病史询问和物理检查，包括问诊、视诊、触诊、听诊、叩诊和嗅诊。

学习目标

1. 会进行临床检查，并能根据检查目的正确选择检查方法；
2. 熟知临床检查的程序；
3. 能识别和判定检查结果，对异常现象进行记录。

一、问诊

问诊就是向畜主或饲养管理人员询问与患病动物发病有关的情况，又称病史调查。

问诊采用交谈或启发式询问。一般在着手检查病畜前进行，也可边检查边询问。问诊的内容主要包括现症病史、既往病史、饲养管理情况、卫生防疫及生产性能等。

二、视诊

视诊是指通过肉眼或借助于简单器械观察动物及动物群的各种外在表现，以及体表组织与器官状态的检查法，以判断动物是否正常或寻找诊断依据。广义的视诊还可包括X线影像、超声显像、内窥镜检查，以及动物群巡视等。

1. 个体视诊

检查者应站离病畜适当距离处，首先观察其全貌，然后由前往后、从左到右边走边看；观察病畜的头、颈、胸、脊椎、四肢。当行至病畜的正后方时，应注意尾、肛门及会阴部；并对照观察两侧胸、腹部是否有异常；为了观察步态及运动过程，可由畜主或饲养员进行牵遛或适当驱赶，以观察其表现；最后再接近动物进行仔细观察。

2. 群体巡视

注意观察动物群全貌，及时发现异常；注意观察畜舍环境卫生状况，检查饲料种类与质量等。

三、触诊

触诊是指检查者利用手或借助检查器具触压动物体，根据感觉了解组织器官有无异常变化的一种检查法。触诊主要是由检查者以指腹、掌指关节部、掌面或手背的皮肤进行感觉。触诊可确定病变的位置、硬度、大小、轮廓、温度、压痛及移动性等。

1. 浅表触诊法

检查者以手掌或手背轻放于被检部位，接触皮肤轻柔滑动触摸。

2. 深部触诊法

从外部检查内在组织器官的位置、形态、大小、移动性、压痛及内容物性状等。

(1)双手按压法　检查者以两手于被检部位的左右或上下两侧对应位置同时加压，并逐渐缩小两手间的距离。

(2)插入触诊法　检查者以一指或几个并拢的手指，沿一定部位用力插入或切入触压，以感知内部器官的状态和压痛点。

(3)冲击触诊法　以拳或并拢的手指，置于腹壁相应的被检部位，做2～3次急速、连续、强而有力的冲击，以感知腹腔深部器官的状态与腹腔积液状态。

3. 内部触诊法

对大动物进行的直肠、食道、尿道的探诊等，属内部触诊法。

四、听诊

听诊是以听觉听取动物体内某些器官活动所产生的声音，根据声音的特性判断其机能活动及物理状态的一种检查方法。

1. 直接听诊法

直接听诊法是先在动物体表放置一块听诊布，然后检查人员用耳紧贴于欲检器官部位的听诊布，进行听诊。其优点是方法简单，声音纯真；缺点是检查者易被性情暴烈的动物伤害，且听得的声音较弱。此外，直接听诊还可听取动物咳嗽、磨牙、呻吟及气喘等声音。

2. 间接听诊法

间接听诊法即借助听诊器在欲检器官的体表相应部位进行听诊。

五、叩诊

叩诊是对动物体表某一部位进行叩击，使之振动并产生音响，根据产生音响的性质，判断被叩击部位及其深部器官的物理状态，间接地确定该部位有无异常的检查法。

1. 直接叩诊法

直接叩诊法是用手指或叩诊锤直接向动物体表的一定部位叩击的方法。

2. 间接叩诊法

间接叩诊法分指指叩诊法与锤板叩诊法。

(1)指指叩诊法　通常以左手的中指紧贴在被检查的部位上(作为叩诊板)，其他手指稍微抬起，勿与体表接触；右手中指第二指关节处呈90°屈曲状(作为叩诊锤)，并以右腕作轴而上、下摆动，用适当的力量垂直地向左手中指的第二指节处进行叩击，听取所产生的叩诊音响。主要用于中、小动物的叩诊。

(2)锤板叩诊法　即用叩诊锤和叩诊板进行叩诊。一般以左手持叩诊板，将其紧密地放于欲检查部位的体表；右手持叩诊锤，以腕关节作轴，将锤上、下摆动并垂直地叩击叩诊板，连续叩击2～3次，以听取其音响。通常适用于大家畜胸、腹部检查。

六、嗅诊

嗅诊是借助于检查者的嗅觉检查动物的分泌物、排泄物、呼出气、皮肤及病理性分泌物等的气味的一种方法。

检查者用手将动物散发的气味扇向自己鼻部，通过闻嗅判定气味的特点与性质。

七、临床检查程序

1. 病畜登记

病畜登记就是系统地记录就诊动物的标志和特征。登记的目的主要用于明确病畜的个体特征，以便于识别，同时也可为诊疗工作提供参考。

(1)动物种类(畜别)　如马、牛、水牛、羊、猪、鸡、犬等。不同种类动物有其固有的传染病(如猪瘟仅发生于猪)，也各有其不同的常发病(如牛前胃病、马腹痛病等)，对毒物、药物的敏感性也有所不同。

(2)动物品种　不同品种动物有不同的生产性能，对疾病的抵抗力、耐受性、患病后的严重性也不同。不同品种动物也有不同的常发病，如高产乳牛易患某些代谢紊乱性疾病。

(3)性别　不同性别动物的解剖、生理特点，在临诊过程中尤应给予注意。母畜在妊娠及分娩前、后的特定生理阶段，常有特定的多发病及诊疗中的特别注意事项，因此，登记时对妊娠动物应加以标明。

(4)年龄　动物不同年龄阶段，常有其固有的、多发的疾病(如驹腺疫、仔猪大肠埃希菌病及鸡白痢等)，幼龄动物对疾病较成年动物敏感。此外，年龄因素与发育状态在确定药量、判断预后上也值得参考。

(5)体重　主要与用药量有关。

(6)过敏药物　询问并登记动物是否有药物过敏史及可能过敏的药物名称，以便临床用药时参考。这一点对宠物门诊尤为重要。

此外，作为动物个体特征的标志，还应注明畜名、号码、毛色、特征或烙印。为便于联系，应登记所属单位及管理员的姓名、住址或电话。通常应注明就诊的日期及时间。

2. 问诊及发病情况的调查

一般通过问诊调查发病情况，必要时，还需深入现场了解病畜的全部情况。

(1)发病时间　询问病畜发病时间及发病时的具体环境(如饲前或饲后、使役中或休息时等)。

(2)病后表现　主要了解病畜饮食、粪、尿、咳嗽、起卧、反刍、跛行及其他症状表现等。

(3)病因调查　对病畜平时的饲养制度、饲料种类及调配方法、使役情况，以及环境卫生、气候及畜舍通风情况等进行了解，以找出发病的原因。

(4)诊治情况　病后是否治疗过，治疗时用药情况及效果，供诊断和治疗时参考。

(5)病畜以往的健康情况　是否患过病，情况如何，对分析现症常常有帮助。

3. 流行病学调查

对病畜怀疑为传染病、寄生虫病、代谢病和中毒病时，除询问上述内容外，还应对病畜所在的畜群及周围的发病情况或流行病学情况进行调查。条件允许的情况下进行严格的群体观察和现场调查。

(1)畜群中同种或其他动物有无类似疾病发生,发病率多少;有无死亡,死亡率如何;邻居及附近养殖场(厂)最近有什么疾病流行;过去的检疫及预防接种情况,动物流向及调拨等情况对传染病和地方病的分析都有重要意义。

(2)畜群的饲料配合、饲喂方法和制度;饲料的质量、加工调制方法、放置场所;附近有无排出有毒气体及废水的工矿等。对放牧动物,则应了解牧场及牧草的情况。此外,对饮水水源、饮水情况、气候条件及生产、使役情况等也应加以了解。这些对推断病因,分析中毒、代谢病、地方病等均有实际意义。

(3)了解动物当地既往发病情况,需查阅该单位、地区各种有关兽医文件,如疫情资料、发病和死亡统计材料、病志、剖检记录、化验结果等。必要时还需查阅公共卫生方面的有关资料。

4. 现症的临床检查

对病畜进行客观的临床检查,是发现、判断症状及病变的主要手段,而症状、病变更是提示诊断的基础和出发点。所以,临床检查必须仔细、认真。一般可按下列步骤进行:

(1)一般检查　主要包括观察整体状态,如精神、营养、体格、姿势、运动、行为等;被毛、皮肤的检查;可视黏膜的检查;浅在淋巴结的检查;以及体温、脉搏及呼吸次数的测定。

(2)各器官、系统检查　包括心血管系统检查、呼吸系统检查、消化系统检查、泌尿生殖系统检查、神经系统检查等。

(3)辅助或特殊的检查　根据需要可配合进行必要的实验室检验;X线检查、心电图以及超声检查等。

八、注意事项

(1)在问诊时,语言要通俗易懂,态度要和蔼,并尽可能用当地方言提问,尽量避免使用特定意义的兽医专业术语,如里急后重、潜血、共济失调等,以取得饲养、管理人员的大力配合,避免暗示性提问。

(2)在问诊内容上既要有重点,又要全面收集情况,并根据具体情况进行必要的选择和增减。

(3)在问诊的顺序上应根据实际情况灵活掌握,可先问诊后检查,也可以边检查边问诊,还可以在检查结束后补充提问。

(4)对问诊所得到的材料,应客观对待,不要简单地肯定或否定,应结合现症检查结果进行综合分析,不要单纯依靠问诊而草率做出诊断或给予处方、用药。

(5)对初来门诊的病畜,应让其稍经休息,先适应一下新的环境后再进行检查。

(6)视诊最好在自然光照的场所进行。

(7)视诊时一般先不要靠近病畜,也不宜进行保定,以免惊扰,应尽量使动物取自然姿势。

(8)收集症状要客观全面,不要单纯根据视诊所见的症状就确立诊断,要结合其他方法检查的结果,进行综合分析与判断。

(9)注意安全。应了解被检动物的习性及有无恶癖,并在必要时进行保定;当需触诊马、牛的四肢及腹下等部位时,要一只手放在畜体的适宜部位作支点,用另一只手进行检查;并从前往后,自上而下地边抚摸边接近欲检部位,切勿直接突然接触。

(10)检查某部位的敏感性时,宜先健区后病部,先远后近,先轻后重,并注意与对应部位或健区进行对比；检查前应先遮住病畜的眼睛；注意不要使用能引起病畜疼痛或妨碍病畜表现的保定方法。

(11)为了排除外界音响的干扰，听诊和叩诊应在安静的室内进行。

(12)听诊器两耳塞与外耳道相接要松紧适当，过紧或过松都影响听诊的效果，听诊器的集音头要紧密地贴在动物欲查部位的体表，并避免滑动。听诊器的软管不应交叉，也不要与检查者的手臂、衣服及动物被毛等接触、摩擦，以免发生杂音。

(13)听诊时要聚精会神，并同时注意观察动物的活动与动作。如听诊呼吸音时，要注意呼吸动作；听诊心脏时，要注意心搏动等，并注意与传导来的其他器官的声音相鉴别。

(14)听诊胆小易惊或性情暴烈的动物时，要由远而近地逐渐将听诊器集音头移至听诊区，以免引起动物反抗。听诊过程中需注意人畜安全。

(15)叩诊时用力的强度，不仅可影响声音的强弱和性质，同时也可决定振动向周围与深部的传播速度。因此，用力的大小应根据检查的目的和被检器官的解剖特点来决定。对深在的器官、部位及较大的病灶宜用强叩诊，反之宜用轻叩诊。

(16)为便于集音，叩诊最好在室内进行；为有利于音响的积累，每一叩诊部位应进行2～3次间隔均等的同样叩击。

(17)叩诊板应紧密地贴于动物体壁的相应部位上，对瘦弱动物应该注意勿将其横放于两根肋骨上；对毛用羊应将其被毛拨开。

(18)叩诊板不能用强力压于体壁，除叩诊板（或用作叩诊板的手指）外，其余材料或手指不应接触动物的体壁，以免影响振动和音响效果。

(19)叩诊锤应垂直地叩在叩诊板上；叩诊锤或用作锤的手指在叩击后应迅速离开。

(20)为了均等地掌握叩诊的用力强度，叩诊的手应以腕关节作轴，轻松地上、下摆动进行叩击，不应强加臂力。

(21)在相应部位进行对比叩诊时，应尽量做到叩击的力量、叩诊板的压力以及动物的体位等都相同。

(22)叩诊时易发生锤板的特殊碰击声，因此，叩诊锤的胶皮头要注意及时更换。

(23)兽医临床实际工作中，并非对每个病例都需全部实施上述临床基本检查，兽医人员应根据不同疾病的特点确定需要检查的内容和次序。临床检查的程序也并不是固定不变的，可根据具体情况而灵活运用。检查顺序可融合于各系统（器官）顺序进行检查，面对具体的病例从头到尾井然有序地进行全面检查，即一般检查和系统检查的综合应用。在临床上主要的系统和器官都必须详细和全面地检查，以防遗漏一些伴随症状或并发症。

复习思考题

1. 临床检查的基本方法有哪些？
2. 临床检查的主要程序是什么？
3. 怎样才能更好地区分正常的生理状态和病理变化？

任务三 临床一般检查

临床一般检查以视诊和触诊为主要检查方法，检查的内容包括整体状态的观察、被毛及皮肤的检查、眼结膜检查、浅表淋巴结检查以及体温、脉搏及呼吸数的测定等。通过一般检查可以了解动物全貌，并可发现疾病的某些重点症状，为进一步系统检查提供线索。

学习目标

1. 能进行动物全身状态的观察，识别异常状态，并对异常状态进行分析；
2. 会进行体温、脉搏及呼吸数的测定，判断是否正常，并能对异常现象进行分析；
3. 会进行动物的被毛及皮肤的检查，能对常见症状进行分析判断；
4. 能熟练地进行动物眼结膜检查，并对常见异常状态进行分析判断；
5. 会对不同动物的浅表淋巴结进行检查，判断其状态，能对异常状态进行分析判断。

技能一 整体状态观察

整体状态观察是指对动物外貌形态和行为综合表现的检查，其结果能反映出动物健康状态。具体内容包括精神状态、营养与体格发育、姿势与步态的观察。

一、精神状态观察

在自然状态下，对动物不加保定和控制，让其自由活动，兽医人员观察动物的神态。主要根据动物面部表情、眼和耳的活动及其对外界刺激的各种反应、举动做出判定。

健康动物表现为头耳灵活，眼睛明亮，反应迅速，动作敏捷，被毛平顺有光泽。幼龄动物显得活泼好动。

二、营养与体格发育观察

1. 营养状况

营养状况主要根据肌肉的丰满度、皮下脂肪的蓄积量及被毛情况而判定。确切测定应称量体重。健康动物表现营养良好，其肌肉丰满、皮下脂肪充盈、骨骼棱角不显露、被毛光顺。

2. 体格发育状况

体格发育状况主要根据骨骼的发育程度及躯体的大小而确定。要注意病畜的头、颈、躯干及四肢、关节各部的发育情况及其形态比例关系。必要时应测量体长、体高、胸围等体尺性状。

健康动物正常发育良好，体躯发育与年龄相称，符合品种特征，肌肉结实，体格健壮；躯体结构紧凑而匀称，各部的比例适当。

三、姿势与步态观察

姿势与步态观察主要观察动物运动中或休息状态下所表现的姿态。

健康动物姿态自然，且不同种类动物通常各有特点。马多站立，常轮流歇其后蹄，偶尔卧下，但闻吆喝声而起；牛站立时常低头，食后喜四肢集腹下而卧，起立时先起后肢，动作缓慢；羊、猪于食后好躺卧，生人接近时迅即起立、逃避。

四、注意事项

(1)进行全身状态观察时，动物应当不予任何保定和限制措施，并让动物适当适应环境，避免人为的干扰，有条件的最好直接进入动物圈舍进行。

(2)对门诊病畜，应使其适当休息并安静后再行检查，有畜主或饲养人员在旁协助为好。

五、异常的情况

1. 精神异常

精神异常可表现为抑制或兴奋。

(1)抑制状态　一般动物表现为双耳耷拉，头低下，眼半闭，行动迟缓或呆立，对周围刺激表现淡漠而反应迟钝，重则可见嗜睡甚至昏迷。而禽类则表现为羽毛蓬松，垂头缩颈，两翅下垂，闭目呆立。可见于各种发热性疾病、消耗性疾病和衰竭性疾病等。

(2)兴奋状态　轻者左顾右盼，惊恐不安，竖耳刨地；重则不顾障碍前冲后退，狂躁不驯或挣扎脱缰。牛可哞叫或摇头乱跑。猪则有时伴有痉挛与癫痫样动作，严重时可见攀登饲槽，跳越障碍，甚至攻击人、畜。可见于脑炎及脑膜炎、中暑及某些中毒病。

2. 营养与体格发育异常

(1)营养异常

①营养不良　动物表现消瘦，骨骼显露，被毛粗乱无光，皮肤松弛缺乏弹性。常见于消化不良、长期腹泻、代谢障碍、慢性传染病和寄生虫病等。

②营养过剩　即肥胖，表现体内中性脂肪积聚过多，体重增加。多因饲养水平过高、运动不足或内分泌紊乱而引起。如母牛肥胖综合征、肾上腺皮质功能亢进、甲状腺功能减退等。

③发育不良　多表现为躯体矮小，发育程度与年龄不相称，在幼畜多呈发育迟缓，甚者发育停滞。

(2)体格发育异常

①单侧耳、眼睑、鼻唇松弛、下垂而致头面歪斜，是面部神经麻痹的表现。马因鼻唇部浮肿而引起类似河马头样病变形态，常为出血性紫癜(血斑病)的特征。猪的鼻面部歪曲、变形，提示传染性萎缩性鼻炎等。

②头大颈短、面骨膨隆、胸廓扁平、腰背凹凸、四肢弯曲、关节粗大。多为骨软症或幼畜佝偻病的特征。

③腹围极度膨大、胁部胀满。提示反刍兽的瘤胃臌气或马骡的肠臌气。

3. 姿势与步态异常

(1)姿势异常

①全身僵直　表现为头颈挺伸、肢体僵硬、四肢关节不能屈曲、尾根挺起、典型的木马样姿势,可见于破伤风。

②异常站立姿势　病马两前肢交叉站立而长时间不改换,提示脑室积水;鸡呈两腿前后叉开,常为鸡马立克病的特征。病畜单肢悬空或不敢负重,提示肢蹄疼痛;两前肢后踏、两后肢前伸或四肢聚于腹下,均为多肢疼痛的表现,典型病例应注意蹄叶炎。

③站立不稳　躯体歪斜或四肢叉开、倚墙靠壁站立,常为共济失调与躯体失去平衡的表现,可见于脑病或中毒。鸡呈扭头曲颈,甚至躯体滚转,应注意鸡新城疫、维生素B缺乏症或呋喃类药物中毒。

④骚动不安　马、骡可表现为前肢刨地、后肢踢腹、回视腹部、伸腰摇摆、时起时卧、起卧滚转呈犬坐姿势或呈腹部朝天等;牛、羊可见后肢踢蹴腹部。骚动不安姿势是腹痛病的特有表现。

⑤异常躺卧姿势　病畜躺卧而不能起立,常见于多肢的瘫痪或疼痛性疾病以及重度骨软症;如伴有痉挛与昏迷常提示为脑及脑膜的重度疾病(包括侵害中枢神经系统的传染病)或中毒病的后期,也可见于某些代谢紊乱性疾病(如乳牛的产后瘫痪及醋酮血病、新生仔猪的低血糖症等)。动物呈犬坐姿势而后躯轻瘫,主要提示脊髓损伤性疾病,在马还应注意肌红蛋白尿症。

(2)步态异常

①跛行　动物躯干或肢蹄发生结构性或功能性障碍引起的姿势或步态的异常,可见于骨折、四肢局部创伤、口蹄疫、腐蹄病、乳腺炎、钙磷等矿物质缺乏等。

②步态不稳　动物四肢运动不协调或呈蹒跚、踉跄、摇摆、跌晃而似醉酒状,多为中枢神经系统疾病或中毒,也可见于重病后期的垂危病畜。

技能二　被毛和皮肤检查

【技能目标】

1. 掌握被毛、皮肤的主要检查部位和方法;
2. 了解被毛和皮肤的正常状态、病理变化及其临床意义。

【内容与方法】

一、鼻盘、鼻镜及鸡冠的检查

(1)检查方法　检查牛、猪、鸡时,要特别注意观察鼻镜、鼻盘、鸡冠及肉髯。

(2)正常状态　健康牛、猪的鼻镜或鼻盘均湿润,并附有少许水珠,触之有凉感。

(3)病理变化　牛鼻镜干燥、增温时多为热性病或前胃疾病的表现,严重者出现龟裂,提示瓣胃阻塞;猪鼻盘干燥、有热感一般为病态,多见于热性病时。在治疗过程中,鼻镜或鼻盘由干变湿，常为病情好转的象征。在观察白猪的鼻盘时，还应注意其颜色，当血液循环障碍、肺炎如猪繁殖与呼吸综合征、缺氧或亚硝酸盐中毒时，常可见到鼻盘发绀的现象。

鸡冠和肉髯正常为鲜红色，当患鸡瘟、禽流感、组织滴虫病、巴氏杆菌病等疾病时可呈蓝紫色；颜色变淡乃至苍白多为营养不良、贫血和淋巴性白血病的表现；如出现疱疹，常提示鸡痘。

二、被毛的检查

(1)检查方法　检查时应注意观察羽毛的牢固性、清洁光泽度、长度及分布情况。

(2)正常状态　健康动物的被毛平顺而富有光泽，每年春、秋两季脱换新毛。健康家禽的羽毛排列整齐，富有光泽而美观，多在每年秋季换羽。

(3)病理变化　被毛蓬松粗乱、失去光泽、易脱落或换毛季节推迟，多见于营养不良和慢性消耗性疾病如鼻疽、马传染性贫血、寄生虫病等。

局部被毛脱落，多见于湿疹或毛癣、疥螨等皮肤病。犬在换毛季节换毛不一致或不换毛或非换毛季节被毛脱落，多由犬疥螨、蠕形螨引起。

检查被毛时，还要注意被毛的污染情况。当病畜(禽)下痢时，肛门附近、尾部及后肢等可被粪便污染。

在鸡群中，要注意肛门周围的羽毛状况，肛门周围羽毛脱落要注意啄肛症；肛门周围的羽毛黏附在肛门部位，要注意鸡白痢和大肠埃希菌病等。

三、皮肤的检查

皮肤的检查主要通过视诊和触诊进行，应注意其颜色、温度、湿度、弹性及疱疹等病变。

1. 颜色

(1)检查方法　皮肤颜色的检查，一般能反映出动物血液循环系统的机能状态及血液成分的变化。主要检查白色皮肤的动物，其他颜色的皮肤因有色素而不易观察，但可视黏膜的颜色可作为皮肤颜色变化的依据。

(2)病理变化　猪皮肤上出现小点状出血(指压不褪色)多见于败血性疾病，如猪瘟；而出现较大的红色充血性疹块(指压褪色)，常提示为猪丹毒。皮肤发绀，多见于心脏衰弱、呼吸困难及某些中毒如猪亚硝酸盐中毒；猪耳朵发绀、全身发红继而变紫常见于猪繁殖与呼吸综合征；仔猪耳尖、鼻盘发绀常见于慢性副伤寒；白猪皮肤发黄，常见于钩端螺旋体病和肝胆病；雏鸡胸腹或腿侧、翼部皮下呈淡绿色，见于雏鸡硒及维生素E缺乏症；鸡大腿或胸肌出血多见于传染性法氏囊病。

2. 温度

(1)检查方法　检查皮温，用手触诊为宜。影响皮温高低的主要因素是动物皮肤血管网的分布状况和皮肤的散热机能，在检查皮温确定检查部位时应以此作为出发点。对马可触摸耳根、颈部及四肢；牛、羊可检查鼻镜(正常时发凉)、角根(正常时有温感)、胸侧及四肢；猪可检查耳及鼻盘；禽类可检查肉髯和股内侧。

(2)病理变化

①皮温增高　是皮肤血管扩张及血流加快的结果。全身皮温增高常见于热性病、心机能

亢进、过度兴奋等;局限性皮温增高是局部发炎如皮炎、蜂窝织炎、咽喉炎等。

②皮温降低　是血液循环障碍、皮肤血管中血液灌注不足所致。全身皮温降低可见于衰竭症、大失血、循环虚脱、中枢神经系统抑制及牛的生产瘫痪等;局部皮温降低,可见于该部的水肿或外周神经麻痹等。

③皮温不整　是皮肤血液循环不良或神经支配异常而引起局部血管痉挛所致。一种表现是身体对称部位的皮肤温度冷热不匀,如一耳冷一耳热。另一种表现是末梢部的温度低于躯干部,见于心力衰竭、虚脱。

3. 湿度

(1)检查方法　主要通过视诊和触诊。皮肤的湿度主要与动物的种类有关,马属动物的汗腺发达,牛、羊、猪、犬次之,禽类无汗腺。健康动物在安静的状态下,一般汗液随时分泌随时蒸发,皮肤表面有黏滑感。

(2)病理变化

①出汗增多　生理性泌汗增多,见于外界气温过高、动物在使役及运动时。病理性出汗增多,被毛及皮肤湿润,甚至出现汗珠。常见于热性病(如中暑)、剧痛性疾病(如骨折、疝痛)、发热病的退热期等。如果汗多而有黏腻感,同时皮温低,四肢发凉,则称为冷汗。见于各种原因引起的心力衰竭、虚脱、休克、胃肠或其他内脏破裂及濒死期,多属预后不良。

②出汗减少　表现被毛粗乱无光,皮肤干燥、皱缩,缺乏黏腻感。见于脱水如剧烈腹泻、呕吐、发热期、多尿症、慢性营养不良、饮水不足等。老龄动物皮肤湿度降低。

③鼻部变化　反刍动物的鼻镜、猪的鼻盘及犬、猫的鼻端,由于有腺体分泌物,经常保持湿润并有光泽。在热性病及重度消化障碍如牛瓣胃阻塞时,则鼻部干燥甚至龟裂。

4. 弹性

(1)检查方法　皮肤的弹性与动物的品种、年龄、营养状况等有关。皮肤的液体含量、弹力纤维和肌纤维的特性及神经组织的紧张度是决定皮肤弹性高低的重要因素。健康且营养状态良好的动物,其皮肤均有一定的弹性。老龄动物弹性下降是正常现象。检查动物皮肤弹性的部位,马在颈侧,牛在最后肋骨后部,小动物可在背部。检查方法是将该处皮肤捏成皱襞后再放开,观察其恢复原状的情况。

(2)正常状态　健康动物皮肤皱襞放手后立即恢复原状。

(3)病理变化　皮肤弹性降低,可见于营养不良、失水及皮肤病(如螨病、湿疹)等。

四、皮肤疱疹的检查

皮肤疱疹常是许多疾病的早期症状,多由传染病、中毒病、寄生虫及过敏反应引起。

(1)斑疹　是皮肤充血和出血所致,表现为皮肤局部发红,但并不隆起。用手指压迫红色即退,见于猪丹毒。密集的针尖状出血点,指压红色不退,见于猪瘟或出血性疾病。

①湿疹样病变　皮肤上有粟粒大小的红色斑疹,见于湿疹、过敏反应及中毒。

②感光过敏　采食了含感光物质的饲料(如荞麦、三叶草等),经曝晒后充血、潮红而形成水泡,如鸭的光过敏,上喙背侧、蹼背侧出现水泡。

(2)丘疹和结节

①丘疹　是皮肤乳头层发生浆液性浸润，形成界线分明的粟粒到豌豆大小的隆起，呈圆形，突出于皮肤表面。在丘疹的顶端含有浆液的称浆液性丘疹；不含浆液的称实性丘疹。在马传染性口炎时，丘疹常出现于唇、颊部及鼻孔周围。

②结节　是较丘疹大而位置深的皮肤损害，呈半球状隆起。

(3)痘疹　是动物痘病毒侵害皮肤的上皮细胞而形成的结节状肿物。痘疹的共同特征是一般经由红斑、丘疹、水泡、脓疱、结痂的过程。

(4)水泡　多呈豌豆大，内含透明浆液性液体的小泡，颜色以内容物而定，有淡黄色、淡红色或褐色。在鼻镜、唇、舌、口腔、趾间隙和蹄冠等处中的一处或几处发生水泡，且具有流行性，是水泡性疱疹的特点。应特别注意口蹄疫、猪传染性水泡病等。

(5)荨麻疹　是速发型过敏反应性疾病，表现为皮肤浅层出现许多界线明显的圆形或椭圆形、蚕豆大至核桃大、表面平坦的水肿性隆起，俗称"风团"，其特点是突然发生，此起彼伏，迅速消退，并常伴有皮肤瘙痒。例如吸血昆虫刺螫、有毒植物或饲料中毒、过敏性体质、消化道疾病(如胃肠炎)、传染病(如猪丹毒、痘疮)及寄生虫病(如马媾疫)都能发生荨麻疹。

五、皮下组织的检查

(1)检查方法　检查皮肤及皮下组织肿胀时，应注意肿胀部位的大小、形态，用触诊的方法判定其内容物性状、硬度、温度、移动性及敏感性。

(2)病理变化　常见的肿胀有炎性肿胀、水肿、气肿、血肿、脓肿、淋巴外渗、疝及肿瘤等。

①炎性肿胀　可以局部或大面积出现，伴有病变部位的红、热、痛和机能障碍，严重病例还可出现明显的全身反应，如原发性蜂窝织炎。

②皮下水肿　是机体水盐代谢紊乱，在皮下组织的细胞和组织间隙内液体积聚过多所致。水肿部位表面扁平，与周围组织界线明显，压之如生面团状，留有指压痕，且较长时间不易恢复，触之无热、痛。

水肿可由感染性疾病、重度营养不良、心脏疾病、肾脏疾病、局部静脉或淋巴液回流受阻及微血管损伤等原因引起。鸡皮下淡绿色水肿见于硒及维生素 E 缺乏症。

③皮下气肿　是由于空气或其他气体在皮下组织内积聚所致。其特点是边缘界线不明显，触诊时可感觉到由于气泡破裂和气体移动产生的捻发音，压之有向周围皮下组织窜动的感觉。颈侧、胸侧、肘后的皮下气肿，多为窜入性且局部无热、痛反应，压之有微小的噼啪声，如黑斑病红薯中毒；当气肿疽(牛、羊)、恶性水肿(马)等厌气性感染时，气肿局部伴有热痛反应且局部切开后可流出混有泡沫的腐败臭味的液体。

④脓肿、血肿及淋巴外渗　其共同特点是皮下组织的非开放性损伤，外形多呈圆形突起，触之有波动感，多因局部创伤或感染而引起，可行穿刺进行鉴别。

⑤疝　系肠管与腹膜一起从腹腔脱垂到皮下或其他生理腔穴内而形成凸出的肿物。可通过查到病疝环及整复试验而与其他肿胀相鉴别。猪常发生阴囊疝及脐疝；大动物多发腹壁疝，常因创伤而继发。

⑥肿瘤　是在动物机体上发生异常生长的新生细胞群，形状多种多样，有结节状、乳头状、息肉状及囊状等。

六、皮肤完整性破坏的检查

(1)溃疡　由于机械压迫、化学制剂的腐蚀溶解、循环障碍、炎症等，先引起组织坏死，进一步脱落或溶解而形成组织的局部缺损。特征是溃疡边缘界线清楚，表面污秽不洁，并伴有恶臭，见于创伤、皮肤病、某些传染病如马鼻疽等。

(2)褥疮　在体表突出部位，因长期躺卧而受压迫造成局部血液循环障碍，致使这些部位的皮肤和皮下组织坏死溃烂。

(3)瘢痕　皮肤的深层组织因创伤或炎症受到损害，经结缔组织增生修复后留下的痕迹。一般表面平滑，大小不等，隆起或凹陷。瘢痕面的特征是，其覆盖上皮较正常上皮薄，没有乳头结构，缺乏被毛、皮脂腺和汗腺。

(4)鳞屑　是已剥离或脱落的表皮组织。正常情况下，表皮角质层由于新陈代谢作用而不断脱落，但量少不易被察觉。在病理状态下，表皮角质化过程失调，角化过度或角化不全，可形成大片鳞屑，其形态、大小、数量、黏着度和色泽都不一致。

①糠疹　在皮肤表面特别是长毛处积聚多量鳞屑，呈糠麸状。

②猪玫瑰糠疹　病变主要见于腹部、大腿，偶见全身。小的红斑性肿胀，边缘隆起，可融合成大片，表面附有糠麸状鳞屑，无瘙痒，可自愈。

③钱癣　皮肤上呈现轮状秃毛斑，有多量鳞屑，好发于颜面、耳和颈部，是毛癣菌感染的一种表现型。

④皮脂溢性湿疹　皮肤表面有大量糠麸状皮屑，在头、颈和躯干部形成脂肪样光泽的圆形痂。

技能三　眼结膜检查

【技能目标】

1. 掌握眼结膜的观察方法；
2. 了解眼结膜的病理变化及其临床意义。

【内容与方法】

一、眼结膜的检查

检查眼结膜，主要是观察其颜色、肿胀、分泌物等病理变化。

1.检查方法

首先观察眼睑有无肿胀、外伤、眼分泌物的量及性状。然后再打开眼睑进行检查。

检查马的眼结膜时，通常检查者立于马头一侧，一手持缰，另一手食指第一指节置于上眼睑中央的边缘处，拇指放于下眼睑，其余三指屈曲并放于眼眶上面作为支点，食指向眼窝略加压力，拇指同时拨下眼睑，即可使结膜露出而检视之。

检查牛时，主要观察其巩膜颜色及其血管情况。检查时可一手握牛角，另一手握住其鼻中隔并用力扭转其头部，即可使巩膜露出；也可用两手握牛角并向一侧扭转，使牛头偏向侧方；欲检查牛结膜时，可用大拇指将下眼睑拨开观察。

检查羊、猪等小动物时，可用两手拇指打开其上、下眼睑。

2. 正常状态

健康马眼结膜呈淡红色，牛的颜色较马稍淡，但水牛则较深，猪眼结膜呈粉红色。

3. 病理变化

(1)结膜颜色

①潮红　眼结膜下毛细血管充血，即称潮红。单眼的潮红，可能是局部的炎症所致；两侧弥漫性潮红，是血管运动中枢机能紊乱或外周血管扩张的结果，多标志全身的循环障碍。常见于热性病、呼吸困难、中毒等；树枝状充血，多见于伴有血液循环障碍的一些疾病如心脏病、脑炎等。

②苍白　是贫血的象征，是由于全身或头部血液循环血量减少，以致组织器官和血液供应不足的结果。可见于各种类型的贫血，如马传染性贫血、仔猪贫血、血孢子虫病、锥虫病、猪的附红细胞体病、大失血及内出血、牛的血红蛋白尿症、慢性营养不良或消耗性疾病。

③黄染　主要是胆色素代谢障碍的结果。可见于肝脏病（如肝炎）、胆道阻塞（如胆结石、肿瘤、蛔虫、肝片吸虫病）及溶血性病（如新生幼畜溶血病、血孢子虫病）等。

④发绀　呈不同程度的蓝紫色，一是由于血液二氧化碳分压增高的结果，可见于肺呼吸面积减少、呼吸障碍和全身性淤血的疾病，如肺水肿、各种肺炎、中毒等。二是由于血液中异常的血红蛋白（如高铁血红蛋白）增多，在临床上见于亚硝酸盐中毒等。

⑤出血　结膜上出现出血点或出血斑，是出血性素质的特征，见于败血性传染病、出血性素质的疾病。

(2)肿胀　主要由眼睛发炎引起，如结膜炎等。

(3)分泌物　也是由于发炎引起的，见于某些热性传染病如感冒等呼吸道疾病、恶病质等。

4. 注意事项

(1)检查结膜最好在自然光线下进行，灯光下对黄色不易识别。

(2)结膜受压迫或摩擦易引起充血，因此不宜反复检查。

(3)要对两侧眼结膜进行对照检查，并注意区别是眼的局限性疾病，还是因全身性或其他疾病所引起的。

二、眼球凹陷度的检查

1. 检查方法

用视诊进行观察。

2. 正常状态

正常状态下动物眼球嵌在眼结膜眶内，活动自如。两眼炯炯有神，对周围的环境反应敏锐。

3. 病理变化

(1)眼球突出　表现为眼眶周围肿胀，眼球突出。主要见于头部水肿性疾病如仔猪水肿病、眼底充血等。

（2）眼球下陷　是机体脱水的指征，表明体内水和电解质摄入不足或丧失过多。表现为皮肤干燥、皮肤弹力降低、眼眶下陷，打开眼睑时，眼球与眼结膜眶间隙增宽，大动物脱水严重的病例可容纳一小指。主要原因如下。

①急性腹泻　由于传染性和非传染性因子引起的重剧腹泻，体内水分大量丧失。

②急性咽下障碍　咽炎、食道阻塞、破伤风等疾病，由于不能饮水或水的咽下发生困难而脱水。

③呕吐、出汗　由于急性呕吐和大汗淋漓，均可引起急性严重脱水。

④唾液分泌过多　如唾液腺炎、有机磷中毒等疾病过程中，因唾液分泌过多，导致大量体液丧失，引起脱水。

⑤管理因素　在我国南方的夏季，气温高达 40 ℃以上，且晚上散热慢，动物饮水管道在高温下暴晒，水温可达 80～90 ℃，圈内的动物连续多日不能饮水而引起热应激和脱水。

⑥其他原因　眼球萎缩、慢性消耗性疾病及老龄消瘦动物眼眶内脂肪减少也会造成眼球下陷。

技能四　体温测定

恒温动物均具有发达的体温调节中枢及产热、散热器官，故能在外界不同温度条件下，保持体温的恒定不变。如果体温发生变化，常是患病的重要症状之一。

【技能目标】

1. 掌握动物体温的测定方法和正常值；
2. 了解体温变化及其临床意义。

【内容与方法】

一、体温测定

（1）测定部位　家畜的体温在直肠内测量，禽类在翅膀下测量。

（2）测定方法　将体温计用力甩几次，将水银柱甩到 35 ℃以下，然后将体温计插入肛门或放在翅膀下，3～5 min 后取出体温计，读取读数。

二、各种动物正常体温范围

健康动物体温受许多生理性因素和外界因素的影响，从而出现一定程度的生理性变动，如年龄、性别、品种、营养、生产性能、气候条件、地域等。在通常情况下，幼龄家畜体温高于成年家畜，公畜高于母畜，高产奶牛高于低产奶牛，围产期高于其他期，营养良好高于营养不良，夏季高于冬季，午后高于早晨，南方家畜高于北方家畜，这些生理性变动可能与机体的代谢强度及产热、散热的特殊条件相关。各种动物正常体温范围见表 1-1。

表 1-1 各种动物正常体温范围 ℃

动物	正常体温	动物	正常体温
马	37.5～38.5	骡	38.0～39.0
牛	38.0～39.5	水牛	36.5～38.5
猪	38.0～39.5	犬	38.5～39.5
猫	38.0～39.5	兔	38.5～39.5
山羊	38.0～40.5	绵羊	38.0～40.0
鸡	40.0～42.0	鸭	41.0～43.0
骆驼	36.5～38.5		

三、病理变化

(1)体温升高　体温高于正常值,一是由于产热增加、散热正常,二是由于产热正常、散热减少。动物除体温升高外,尚有精神沉郁、食欲减退、呼吸及脉搏加快、消化不良、渴欲增强、多汗等一系列变化,称为发热综合征。

引起发热的因素主要有两个方面:一是物理化学因素的作用,如环境温度过高、湿度过大、运动过速等造成产热和散热失去平衡而引起的积热;二是由于致热原物质的作用如细菌、真菌、病毒、原虫和非感染性炎症、恶性肿瘤、过敏反应等。前者属非感染性致热原物质,后者为感染性致热原物质。

①根据体温升高的程度,发热可分为以下类型。

最高热:体温升高 3 ℃以上,见于急性传染病、日射病及热射病等。

高热:体温升高 3 ℃,见于急性感染性疾病及广泛的炎症。

中热:体温升高 2～3 ℃,见于消化道、呼吸道的一般炎症及某些亚急性、慢性传染病。

微热:体温升高 1～2 ℃,见于局部感染或慢性病。

②根据病情的长短,发热可分为以下类型。

急性发热:发热期延续一周至半个月,见于急性传染病。

亚急性发热:发热期为半个月至一个月,见于亚急性传染病。

慢性发热:发热期为一个月以上,见于慢性传染病。

一过性热或暂时性热:体温的暂时升高,见于注射疫苗、血清后的一时性反应或疾病的前驱期。

③根据发热的热型可分为以下类型。

稽留热:体温升高后不恢复到正常,且每天温差在 1 ℃以内,见于败血性传染病如马腺疫、猪瘟、血液原虫病如弓形体、附红细胞体病等。

弛张热:体温升高后每天温差在 1 ℃以上,见于化脓性疾病、败血症、小叶性肺炎及腺疫等。

间隙热:有热期与无热期交替出现,见于马传贫、血孢子虫病等。

回归热:体温升高后又恢复到正常,经过一段时间后又升高,间隙时间不定,见于焦虫病、锥虫病。

不规则热:体温升高无规律性,见于许多典型经过的疾病,如马鼻疽、牛结核病等。

(2)体温下降　由于产热减少或散热增加,而使体温低于正常,见于脑或脊髓疾病、慢性消耗性疾病、代谢病、中毒、大失血、某些疾病发热期用药不规范(如胸膜性肺炎时单一使用退热药)及濒死期等。

技能五　体表浅在淋巴结检查

淋巴系统是机体的防卫机能之一。淋巴结的检查,在诊断疾病上(特别是传染病)有很大的意义。

【技能目标】

掌握各种动物主要体表淋巴结的检查方法、病理变化及其临床意义。

【内容与方法】

一、检查方法

淋巴结的检查以触诊为主。检查时,应注意其大小、形状、湿度、硬度、敏感性及在皮下的移动性。

马常检查下颌淋巴结(位于下颌间隙,正常时呈扁平分叶状;较小,不坚实,可向周围滑动)。检查时,一手持笼头,另一手伸于下颌间揉捏或擦压之。

牛常检查颌下、肩前、膝襞、乳房上淋巴结等。

猪可检查腹股沟淋巴结等。

二、病理变化

(1)急性肿胀　淋巴结体积增大,表面光滑,触之敏感并有热感,质地坚实,活动性受限。多见于局部感染和一些传染病如流感、链球菌病、马腺疫等。

(2)慢性肿胀　多无热、痛反应,较坚硬,表面不平,且不易向周围移动。常见于马鼻疽、鼻旁窦炎、结核病及牛淋巴细胞性白血病等。

(3)化脓　表现为淋巴结肿大,有波动感,见于感染和炎症的后期。

复习思考题

1. 简述整体状态观察的内容、方法及主要病理变化。
2. 简述体温测定方法和各种动物的体温正常值。
3. 简述皮肤疱疹的识别和临床示病意义。
4. 简述眼结膜颜色的主要临床病变。
5. 皮下肿胀的类型有哪些?

技能六 脉搏的测定

健康动物的脉搏：脉管有一定的弹性，搏动的强度中等，脉管内血量充盈适度，具有正常的脉搏节律，且其强弱一致、间隔均匀。

【技能目标】

1. 掌握动物脉搏的测定方法和正常值；
2. 了解脉搏变化及其临床意义。

【内容与方法】

一、测定方法

大动物（马属动物、牛等）多检查颌外动脉或尾根总动脉；中、小动物（猪、羊、犬等）则以检查股动脉为宜。

二、测定部位

（1）颌外动脉 检查者位于动物头部左侧，一手握住动物笼头，另一手的食指及中指放于下颌支内侧的血管切迹处，拇指则放于下颌支外侧。

（2）尾根总动脉 检查者位于动物臀部后方，一手握住动物的尾梢部，另一手的食指及中指放于尾根部腹面正中尾动脉处，拇指放于尾的背侧。

（3）股动脉 检查者用一手握住动物一侧后肢的下部，另一手的食指及中指放于股内侧的股动脉上，拇指放于股外侧。

主要检查脉搏的频率，脉搏的性质（主要是搏动的大小、强度和脉管的软硬、充盈状态等），以及节律的变化。

健康动物的脉搏频率（脉搏数）为测定一分钟脉搏的次数，以次/min 表示。脉搏的次数与心脏搏动的次数相等。

三、各种动物正常脉搏次数

各种动物的脉搏数，在正常情况下，易受外界条件和生理因素的影响而变快，有时变动范围较大，如惊恐、兴奋、使役、过饱，外界气温过高等均可影响；而动物的个体条件中，品种、性别等因素虽略有影响，但年龄因素的影响更大。一般幼龄动物明显比成年动物脉搏次数多。各种动物正常脉搏次数见表 1-2。

表 1-2 各种动物正常脉搏次数 次/min

动物	正常脉搏	动物	正常脉搏
马、骡	30～45	兔	120～140
牛	40～80	犬	80～120
水牛	40～60	猫	120～140
羊	60～80	家禽	120～200
猪	60～80		

四、注意事项

(1)应待动物安静后再进行测定。

(2)一般测定时间为 1 min;动物不安静时,宜测 2～3 min 并取平均值。

(3)当脉搏过于微弱不易测量时,可以心跳次数代替。

五、病理变化及临床意义

(1)脉搏增多　是心动过速的结果。可见于多数的发热性疾病,某些心脏疾病(如心肌炎、心包炎),胸腔及呼吸器官疾病引起气体交换障碍时;也可见于各型贫血及脱水、失血性疾病,伴有剧烈疼痛的疾病,以及某些中毒病时。

(2)脉搏减少 是心动徐缓的特征。主要见于某些脑病(如流行性脑脊髓膜炎、脑肿瘤),胆血症(如肝实质性病变),及某些中毒病(如洋地黄中毒)时。

技能七　呼吸数的测定

一、测定方法

呼吸数一般可根据动物胸腹部的起伏动作,测定 1 min 呼吸的次数,以次/min 表示。检查者立于动物的侧方,注意观察其腹胁部的起伏,一起一伏为一次呼吸。在寒冷季节也可通过观察呼出的气流来测数。鸡的呼吸数,可观察肛门下部的羽毛起伏动作来测定。

二、各种动物正常呼吸数

健康动物的呼吸数,受某些生理性因素和外界条件的影响,也可产生一定的变动。如:幼畜比成年动物稍多;妊娠母畜可增多;运动、使役、兴奋时可增多;品种、营养情况也有影响;当外界温度过高时,某些动物(特别是水牛、绵羊等)可引起显著的增多;此外尚应注意动物的体位,如乳牛饱食后取卧位时,可见呼吸次数的明显增多。各种动物正常呼吸数见表 1-3。

表 1-3　各种动物正常呼吸数　　次/min

动物	正常呼吸数	动物	正常呼吸数
马、骡	8～16	兔	50～60
牛	10～25	鸡	15～30
水牛	10～20	犬	10～30
羊	10～25	猫	20～30
猪	10～20		

三、注意事项

(1)应于动物休息、安静时检测。一般测 1 min 的次数或测 2 min 再取平均值。

(2)观察动物鼻翼的活动或以手放于其鼻前感知气流的测定方法不够准确。

(3)必要时可依听诊气管或肺部呼吸音的次数代替。

四、病理变化

(1)呼吸数增多　可见于呼吸器官特别是支气管、肺、胸膜的疾病,多数热性病,心脏衰弱及贫血、失血性疾病;也可见于膈的运动受阻、腹压显著升高或胸壁疼痛的病理过程中,脑及脑膜充血、炎症的初期等。

(2)呼吸次数减少　主要见于颅内压显著升高、代谢紊乱与某些中毒病。当上呼吸道高度狭窄时,由于每次吸气的持续时间过长,也可引起呼吸次数减少。

任务四　循环系统临床检查

循环系统是由心脏和血管连接起来所形成的闭锁管道系统,其中心脏是推动血液流动的动力器官,血管是血液流动的管道。在心脏的推动下,血液沿着血管不停地灌流到全身的各器官和组织,完成血液分配、物质交换等作用,从而保证机体的正常生理活动。

一旦循环系统的机能发生障碍,一则造成氧和二氧化碳的交换发生障碍,二则造成营养物质和体内代谢产物的运送发生障碍,使全身各个器官的机能发生异常。全身各个脏器的机能异常又直接和间接影响心脏的正常机能。因此,及时判定心脏和血管机能状态,在兽医临床上十分重要。

学习目标

1. 掌握几种主要动物心脏的位置和心搏动、心音形成的原因以及心搏动、心音、表在静脉的病理变化和临床意义;
2. 熟悉最佳听诊、叩诊位置;
3. 了解浅表静脉的检查方法。

技能一　心脏检查

心脏的临床检查,主要通过视诊、触诊、叩诊和听诊等基本的检查方法判断心脏的活动状态。

一、心搏动的视诊与触诊

心搏动是在心室收缩过程中撞击胸壁,引起相应部位的胸壁和被毛震动的一种现象。

(一)心搏动检查方法

牛等大动物视诊时将其左前肢向前拉半步露出心区观察即可。小动物(猫、犬)视诊时让其仰卧或侧卧露出心区进行观察。检查者位于动物左前方。视诊时,仔细观察左侧肘后心区被毛及胸壁的震动情况;触诊时,检查者一只手(通常是右手)放于动物的鬐甲部,用另一只手

（通常是左手）的手掌紧贴于被检动物的左侧肘后心区，感觉胸壁的震动，判定其频率和强度以及心搏动的次数。

（二）正常心搏动

健康的大动物只能看到相应心区的被毛发生轻微颤动，而在小动物可见相应心区的胸壁发生有节律的跳动。触诊健康的大动物有较强的均匀的心搏动，小动物有较弱但也均匀的心搏动。

（三）异常心搏动

1. 心搏动增强

触诊时感到心搏动强而有力，并且区域扩大，主要见于热性病初期、心脏病（如心肌炎、心内膜炎、心包炎）代偿期、贫血性疾病及伴有剧烈疼痛的疾病。

2. 心搏动减弱

触诊时感到心搏动力量减弱，并且区域缩小，甚至难以感知，见于心肌收缩无力的疾病（如心脏病的代谢机能降低、胸壁与心脏之间的介质状态改变如胸壁水肿、胸膜炎、胸腔积液、慢性肺泡气肿、心包炎）。

3. 心搏动移位

心搏动向前移位，见于胃扩张、腹水、膈疝；心搏动向右移位，见于左侧胸腔积液；心搏动向后移位，见于气胸、肺气肿。

4. 心区压痛

触诊心区胸壁的肋间部，可发现动物对触压反应敏感，强压时表现回顾、躲避、呻吟，见于心包炎、胸膜炎。

二、心脏叩诊

（一）叩诊方法

对牛等大动物进行叩诊时，先将其左前肢向前牵引；对犬等小动物，则提起其左前肢，使心区暴露，对其进行叩诊。

（二）健康动物的叩诊情况

健康动物的心脏叩诊音为浊音，浊音可分为绝对浊音和相对浊音。心脏前部为肩胛肌肉所掩盖，而延伸到肩胛肌肉后方的部分接近心脏的一半，直接与胸壁接触的只是心脏的一部分，在这一区域叩诊可产生浊音，此区域为心脏的绝对浊音区；心脏大部分被肺部掩盖，叩击这一区域产生的声音为半浊音，此区域为心脏的相对浊音区，相对浊音区大小可反映心脏的大小。各种动物的确定方法之间有一定差异。

（三）心脏叩诊病理变化

（1）浊音区扩大　见于心肥大、心扩张、心包积液、心包炎、肺萎缩。

（2）浊音区缩小　见于肺泡气肿、气胸、瘤胃臌气。

（3）心区鼓音　常见于反刍动物的创伤性心包炎。

（4）心区敏感　提示心包炎或腹膜炎。

三、心音听诊

（一）正常的心音

心音是随同心室的收缩与舒张活动而产生的声音。听诊健康动物的心音时，每个心动周期内可听到“咚—塔”两个相互交替的声音。“咚”是在心室收缩过程产生的心音，称收缩期心音或第一心音。“塔”是在心脏舒张过程中产生的心音，称舒张期心音或第二心音。此外，在第二心音之后可能还有第三心音，在第一心音之前可能还有第四心音，实际上这两种心音都很难听到，只有在心音图上才能描记出来。

1. 第一心音

第一心音主要由两个房室瓣（二尖瓣、三尖瓣）突然关闭的振动形成，其次是由心房收缩的振动、半月瓣开放和心脏射血冲击大动脉管壁引起的振动等形成。第一心音的持续时间较长，音调较低，声音的末尾拖长。

2. 第二心音

第二心音主要是由于心室舒张时，两个半月瓣突然关闭的振动形成，其次是由心室舒张时的振动、房室开放和血流的振动等形成。第二心音具有短促、清脆、末尾突然终止等特点。

3. 第一心音与第二心音的区别

第一心音与第二心音的区别见表 1-4。

表 1-4 第一心音与第二心音的区别

区别项目	第一心音	第二心音
声音特点	低而钝浊，持续时间长，尾音也长	较高，持续时间较短，尾音终止突然
最强部位	心尖部（第 4 或第 5 肋间的下方）	心底部（第 4 肋间，肩关节水平线的下方）
心音之间的时距与心搏动的关系	第一心音到第二心音之间较短	第二心音到下一次心动周期的第一心音之间较长
心音之间的时距与动脉搏的关系	同时	不同时

（二）听诊心音的方法及位置

被检动物呈站立姿势，使其左前肢向前伸出半步，以充分显露心区。最常用的听诊方法是间接听诊。听诊时，检查者戴好听诊器，将听诊器的听头放于心区部位，使之与体壁紧密接触，判断心音的频率、节律，心音的强弱及性质，以及有无心音分裂及心杂音，依此推断心脏的功能。

在心区的任何一点，都可以听到两个心音，但心音最为清楚部位是较为固定的。几种动物的心音最强听取点见表 1-5。

表 1-5 几种动物的心音最强听取点

动物种类	第一心音		第二心音	
	二尖瓣口	三尖瓣口	主动脉瓣口	肺动脉瓣口
牛、羊	左侧第 4 肋间，主动脉口的远下方	右侧第 3 肋间，胸廓下 1/3 的中央水平线上	左侧第 4 肋间，肩关节水平线下方 1～2 指处	左侧第 3 肋间，胸廓下 1/3 的中央水平线下方
犬	左侧第 4 肋间，主动脉口的远下方	右侧第 4 肋间，肋骨与肋软骨结合部稍下方	左侧第 4 肋间，肩关节水平线直下	左侧第 3 肋间，接近胸骨处
猪	左侧第 4 肋间，主动脉口的远下方	右侧第 3 肋间，胸廓下 1/3 的中央水平线上	左侧第 4 肋间，肩关节水平线下方 1～2 指处	左侧第 3 肋间，胸廓下 1/3 的中央水平线下方

(三)心音异常

看心音是否异常应从频率、强度、性质及节律等方面加以考虑。

1. 心音频率改变

心音频率指每分钟的心音次数，其病理变化与脉搏病理变化基本相同，引起的原因及意义也基本相同(详见一般检查脉搏的测定)。

2. 心音强度改变

心音强度改变常见的有心音增强和心音减弱两种。

(1)心音增强

①第一与第二心音同时增强　可见于心肥大或某些心脏病的初期、伴有剧烈的疼痛性的疾病、发热性疾病的初期、轻度的贫血或失血、应用强心剂等引起的代偿机能亢进时。

②第一心音增强　可见于大失血、严重的脱水、休克、虚脱等。

③第二心音增强　可分为主动脉口的第二心音增强和肺动脉口的第二心音增强。主动脉口第二心音增强，可见于左心肥大、肾炎；肺动脉口第二心音增强，主要见于肺充血或肺炎的初期。

(2)心音减弱

①第一、二心音同时减弱　见于心肌炎或心肌变性的后期、心脏代偿障碍、渗出性心包炎、渗出性胸膜炎、胸腔积水、重度的胸壁浮肿及肺气肿。

②第二心音减弱　见于大失血、高度的心力衰竭、休克与虚脱、心动过速。

③第一心音减弱　单独的第一心音减弱在临诊实际中几乎很少见到。

3. 心音性质改变

(1)心音混浊　心音的性质变化，主要表现为心音的混浊，即音质低，混浊甚至含混不清。主要是心肌及其膜变性，使其振动能力发生改变的结果。可见于心肌炎等病的后期以及重度心肌营养不良与心肌变性。高热性病、严重贫血、重度衰竭症时，因伴有心肌变性变化，所以多有心音混浊现象。患某些传染性病时，因心肌损害也可致心音混浊，对于牛可见于结核、口蹄疫；对于猪可见于猪肺疫、流行性感冒、猪丹毒等，这种现象也可见于幼畜的白肌病以及某些中毒病。

(2)胎心率　第一心音与第二心音在强度、性质方面相似,第一心音与第二心音之间的间隔时间和第二心音与第一心音之间的间隔时间也基本相等,加上心动过速,听诊时似胎儿的心音故称为胎心率。又因其听起来类似于钟摆的“滴答”音,故又称为“钟率”,多提示心肌损伤。

(3)奔马调　除第一、第二心音外,又有第三个附加心音连续而来,恰如远处传来的马蹄音。其可出现于舒张期(第二心音后),也可出现在收缩期前(第一心音前)。见于心肌炎、心肌硬化或左房室口狭窄。

(4)金属性心音　特点是声音过于清脆而带有金属声,见于牛的创伤性网胃心包炎、破伤风、邻近心区的肺叶中有空洞(含气性)形成、以及膈疝且脱垂至心区部位的肠段内含有大量气体。

4. 心音分裂

(1)第一心音分裂　由左(二尖瓣)、右(三尖瓣)房室瓣关闭时间不一致所造成,见于重度心肌损害而致的传导机能障碍。

(2)第二心音分裂　主要反映主动脉与肺动脉根部血压有较悬殊的差异,可见于重度肺充血或肾炎。

5. 心音节律改变

心律指心脏跳动的节律。正常情况下,每次心音的间隔时间均等,每次心音强度相似,此为正常节律。如果每次心音间隔时间不等、强度不一,则为心律不齐。轻度的、短期的、一时性的心律不齐及幼畜和小动物的呼吸性心律不齐,一般无诊断意义。重度的、顽固性的心律不齐,多提示心肌的损害,见于心肌的炎症、心肌的营养不良或变性、心肌梗死。

(1)心律不齐

依据发生原因,可分为如下 3 类。

①窦性节律　窦房结兴奋起源发生紊乱,如窦性心动过速、窦性心动过缓、窦性心律不齐。

②异位节律　窦房结以外异位兴奋灶所引起的心律失常,如期外收缩或称期前收缩,阵发性心动过速。

③传导阻滞　传导系统机能障碍而引起的心律失常。

依据临诊表现,可分为如下 3 类。

①过快而规则的心律　如窦性心动过速、阵发性心动过速。

②过慢而规则的心律　如窦性心动过缓、心脏传导阻滞(呈有规律性的变化)。

③不规则的心律　如窦性心律不齐、期外收缩或期前收缩、心脏传导阻滞(呈不规则的变化)、心房颤动。

(2)常见的不规则心律

①窦性心律不齐　表现为心脏活动的周期性的快慢不匀现象,且大多与呼吸有关,一般吸气时心动加快而呼气时心动转慢,常见于健康动物,尤以幼畜明显,多为生理现象,无临床意义。

②期外收缩或期前收缩　当心肌的兴奋性改变而出现窦房结以外的异位兴奋灶时,正常的窦房结的兴奋冲动传来之前,由异位兴奋灶先传来一次兴奋冲动,从而引起心肌的提前收缩,此后,原来应有的正常搏动又消失一次,以致要等到下次正常的兴奋冲动到来才再引起心

脏搏动,从而使其间隔时间延长,即出现所谓代偿性间歇。偶尔出现的期外收缩,多无意义,如顽固而持续性的期外收缩,即为心肌损害。

③传导阻滞　当心肌病变波及刺激传导系统时,兴奋冲动不能顺利地向下传递,从而出现传导阻滞。明显而顽固的传导阻滞,常为心肌损害的指征。

④震颤性心律不齐(又称心房颤动)　在病理情况下,房室的个别肌纤维在不同时期分散而连续收缩,从而发生震颤。这种现象的出现表明心房内有异位兴奋灶的存在。

6. 心杂音

心杂音是指伴随心脏的舒缩活动而产生的正常心音以外的附加音响。心杂音的种类有心外性杂音[包括心包内杂音(心包击水音、心包摩擦音)和心包外杂音]、心内性杂音[包括器质性杂音和非器质性杂音(相对闭锁不全性杂音、机能性贫血性杂音)]。

(1)心外性杂音

①心包内杂音

心包击水音:呈液体振荡声,类似振荡盛有半瓶溶液的玻璃瓶时所产生的声音。心包击水音是渗出性心包炎与心包积水的特征。

心包摩擦音:犹如两层粗糙的膜面相互摩擦的声音,常见于牛的创伤性心包炎。

②心包外杂音　主要为心肺杂音,是靠近心区的胸膜发炎并有纤维素性产物析出时,随心脏的活动而产生的摩擦音,见于胸膜炎等。

(2)心内性杂音

①器质性杂音

瓣膜闭锁不全:在心室的收缩或舒张的活动过程中,瓣膜不能完全地将其相应的瓣膜口关闭而留有空隙,从而血液可经病理性的空隙而逆流,形成漩涡,发生振动,产生杂音。心室的收缩期出现杂音称为心缩期杂音,提示房室瓣闭锁不全或为动脉口的狭窄。在舒张期产生杂音称为心舒期杂音,提示房室口的狭窄或主动脉与肺动脉的半月瓣闭锁不全。见于心内膜炎引起的瓣膜穿孔、腱索断裂、瓣膜上疣状物的增生等。

瓣膜口(心孔)狭窄:在心脏活动过程中,血液流经变窄了的瓣膜口时,形成漩涡,发生振动而产生杂音,见于心内膜炎、心肌炎、心脏肥大等。

②非器质性杂音(机能性杂音)

相对闭锁不全性杂音:当心肌高度弛缓或扩张时,房室瓣不能将扩大了的相应房室口完全闭锁,形成相对闭锁不全性杂音,可见于心肌弛缓与心扩张。

机能性贫血性杂音:是当血液变稀薄、流速加快形成的杂音。

技能二　血管检查

血管检查包括动脉检查、静脉检查和毛细血管检查,重点介绍动脉检查和静脉检查。

一、动脉检查

动脉检查主要是检查脉搏,包括脉搏的频率、性质及节律的检查。

(一)脉搏频率检查

脉搏频率检查多采用触诊方法进行。各种动物的脉搏检查部位不同,如牛在尾中动脉或下颌动脉处检查,马在下颌动脉处检查,猪、羊、犬等在股内侧动脉处检查。具体检查内容见一般检查脉搏的测定。

(二)脉搏性质检查

脉搏性质又称脉性,一般包括脉搏强弱、大小、虚实、软硬及迟速等,脉性的变化,可反映整个心血管系统的机能状态。

1. 脉搏的强弱与大小

脉搏的强弱是指脉搏搏动力量的强弱,搏动力量强称强脉,搏动力量弱称弱脉。脉搏的大小是指脉搏搏动时脉管壁振幅的大小,振幅大称大脉,振幅小称小脉。强脉与大脉、弱脉与小脉,通常综合体现,形成强大脉与弱小脉。

(1)强大脉　也称洪大脉,是强大、充实的脉搏。其特点是脉搏冲击检指的力量强,抬举检指的高度大。心脏收缩力加强,每搏输出量增多,脉管壁比较迟缓而振幅增大,收缩压升高,表示脉压差增大。可见于热性病初期、心脏肥大及其他原因而致的心脏代偿机能亢进。

(2)弱小脉　是弱小、充盈度不足的脉搏。其特点是脉搏冲击检指的力量弱,抬举检指的高度小。心脏收缩力减弱,每搏输出量或血液总量减少,脉管壁振幅变小,收缩压下降,表示脉压差变小。可见于心脏衰弱及其他重症疾病中后期。如果脉搏搏动极微弱,甚至不感于手,则为病情危重,表示预后不良,见于心力衰竭及濒死期。

2. 脉搏的虚实

脉搏的虚实是指脉管的充盈度的大小,主要由每搏输出量及血液总量所决定。可用检指加压、放开,反复操作,依据脉管内径的大小判定。

(1)虚脉　脉管内径小,血液充盈不良,表示血容量不足,可见于大失血及严重脱水。

(2)实脉　脉管内径大,血液充盈,表示血液总量充足及心脏功能代偿性增强,可见于热性病初期及心脏肥大时。

3. 脉搏的软硬

脉搏的软硬由脉管壁的紧张度所决定,依据脉管对检指的抵抗力的大小而判定。

(1)软脉　检指轻压脉搏即消失,为脉管紧张度降低,脉管弛缓的表现,可见于心力衰竭、长期发热及大失血时。

(2)硬脉　又称弦脉,对检指的抵抗力大,表示血管紧张度增高,可见于破伤风、急性肾炎及疼痛性疾病过程中。硬而小的脉又称为金线脉,可见于重症腹膜炎、胃肠炎、肠变位。

4. 脉搏的迟速

脉搏的迟速是指动脉内压上升和下降的速度。

(1)迟脉　脉搏波形上下变动迟慢,触诊时感到脉搏徐来而慢去。可见于主动脉口狭窄。

(2)速脉　又称为跳脉,脉搏波形上升及下降快速,触诊时感到脉搏骤来而急去。为主动脉关闭不全的一个特征。

(三)脉搏节律检查

正常情况下,每次脉搏之间的间隔时间相等、强度一致,称为有节律的脉搏;反之,则称为脉搏节律不齐,可呈现脉搏的强弱不一、大小不均、间隔时间不等,甚至出现间歇,均为病理性表现。脉搏节律不齐是心律不齐的直接后果和反映,其诊断意义与心律不齐相同。

二、静脉检查

(一)颈静脉外观检查

颈静脉沟处肿胀、硬结并伴有热痛反应是颈静脉及其周围炎症的特征,多见于静脉注射时消毒不全或刺激性药液(如钙的制剂等)渗漏于脉管外的病史。但应注意,当牛颈部垂皮浮肿较严重时,也可引起颈静脉沟处肿胀,一般无热痛反应,常见于创伤性心包炎,应以伴有的其他症状而鉴别。局部的静脉肿胀见于静脉瘤或淋巴瘤。

(二)静脉充盈状态检查

一般是根据视诊和触诊来了解可视黏膜和浅表静脉,进一步判定静脉的充盈度。静脉的充盈度变化常表现为静脉萎陷和过度充盈。

1. 静脉萎陷

体表静脉不显露,即使压迫静脉,其远心端也不膨隆,将针头插入静脉内,血液不易流出。这是由于血管衰竭,大量血液都淤积在毛细血管库内的缘故,见于休克、严重毒血症。

2. 静脉过度充盈

静脉过度充盈情况有如下两种。

(1)生理性扩张　有时在健康动物可见生理性静脉扩张,如牛的乳静脉。

(2)病理性扩张　体表静脉呈明显的扩张或极度膨隆,似绳索状,可视黏膜潮红或发绀。一般见于心功能不全使静脉血液回流障碍的疾病(如心包炎、心肌炎、心脏瓣膜病)、导致胸膜腔内压升高使静脉血液回流受阻的疾病(如胸腔积液、渗出性胸膜炎、肺气肿、胃肠内容物过度充满而压迫横膈)、在静脉栓塞和狭窄时能引起局部的静脉扩张的疾病(如局部的静脉炎、静脉曲张)。

3. 静脉搏动检查

随着心脏活动,表在的大静脉也发生搏动,称为静脉搏动。实际检查中,一般检查颈静脉搏动。因为大动物的颈静脉比较粗大,颈静脉通向前腔静脉的入口距体表较浅,易观察到静脉搏动。根据颈静脉搏动产生的原因,可以分为如下 3 种。

(1)阴性颈静脉搏动　由于它是在心房收缩时产生的,故又称为心房性颈静脉搏动。当右心房收缩时,回流入心房的前腔静脉血一时受阻,部分静脉血的逆行波,波及前腔静脉和颈静脉,而呈现颈静脉搏动。这是与心室收缩不相一致的颈静脉搏动。生理性的阴性颈静脉搏动,仅在胸腔入口处,或在颈沟的下 1/3 处最明显。在心功能不全,伴发全身性淤血时,由于血液回流发生严重障碍,颈静脉搏动可以波及颈沟的中 1/3 或上 1/3 处。

(2)阳性颈静脉搏动　这是与心室收缩相一致的静脉搏动,故又称为心室性颈静脉搏动。

这一种病理性静脉搏动，往往是三尖瓣闭锁不全的指征。由于右心室收缩时，血液经闭锁不全的孔逆流到右心房，而使前腔静脉的血液回流一时受阻，这种逆流波传到颈静脉，即出现阳性颈静脉搏动。因为阳性颈静脉搏动是由心室收缩引起的，力量强，故通常可波及颈沟的上 1/3 处，有时可波及颌后下方。另外，导致右心房高度淤滞的心房纤颤，也可能出现阳性静脉搏动。

(3)假性颈静脉搏动　不是真正的静脉搏动，而是由于动脉的强力搏动所带动的静脉波动，故又称为伪性颈静脉搏动，多见于主动脉瓣闭锁不全。

复习思考题

1. 简述心脏听诊的方法。
2. 简述病理性心音变化特点及意义。
3. 心杂音有哪些类型，有何临床意义？
4. 简述静脉检查的内容及意义。

任务五　呼吸系统临床检查

动物呼吸系统主要由鼻、喉、气管、支气管、肺、胸廓及胸膜腔、膈肌等组成。肺是气体交换的器官；鼻、喉、气管、支气管是气体进出肺的通道，称为呼吸道；胸廓及胸膜腔、膈肌以及胸、腹壁的呼吸肌为进行呼吸的辅助装置。

呼吸系统各器官在神经、体液的调节下，进行协调活动，它的生理机能是吸收氧气，使氧透过肺泡进入血液循环；血中的二氧化碳及其他代谢产物透过肺泡壁进入肺泡腔，通过呼吸道排出体外。这种机体与环境之间进行气体交换的全过程称为呼吸。

当呼吸系统任何部位发生病理损害后，都可以影响气体交换机能，进而影响全身与之相关的机能活动。同样，其他器官机能障碍也会造成呼吸机能紊乱。因此，呼吸系统的检查在临床上有十分重要的意义。

学习目标

1. 掌握呼吸运动的检查内容和方法；
2. 掌握胸肺的叩诊、听诊的检查方法；
3. 了解呼吸系统的正常状态，熟悉其病理变化和临床意义。

技能一　呼吸运动检查

一、呼吸运动的检查

呼吸肌的收缩与舒张引起胸廓节律性地扩大和缩小称为呼吸运动。检查呼吸运动，应计数呼吸频率，即每分钟的呼吸次数，需注意呼吸类型及呼吸节律的改变，判定呼吸类型及有无呼吸困难。

1. 计测呼吸频率

详见一般检查呼吸数的测定。

2. 观察呼吸类型

注意观察呼吸过程中胸廓、腹壁的起伏活动强度及对称性，以判定呼吸类型。

呼吸类型又称呼吸方式（简称呼吸式）。健康动物（除犬外）均为胸腹式呼吸，即在呼吸时胸壁和腹壁的起伏动作协调，呼吸肌的收缩强度也大致相同。健康犬则以胸式呼吸占优势。

3. 呼吸节律检查

注意观察呼吸过程，根据每次呼吸的深度及间隔时间的均匀性，以判定呼吸节律。

健康动物呼吸运动呈一定的节律性，即每次呼吸之间间隔的时间相等，如此周而复始的呼吸称为节律呼吸。生理状态下，吸气与呼气时间之比因动物种类不同而有一定差异，牛为1∶1.26，绵羊和猪为1∶1，山羊为1∶2.7，马为1∶1.8，犬为1∶1.64。呼吸节律随运动、兴奋、尖叫、嗅闻及惊恐等因素而发生暂时性的改变。

4. 呼吸困难的判定

观察动物的姿态及呼吸类型、节律是否发生改变，同时注意辅助呼吸肌是否参与呼吸活动。

二、呼出气、鼻液、咳嗽的检查

1. 呼出气检查

将手置于被检动物的鼻孔前，感觉两侧鼻孔呼出气流的强度、温度，嗅闻呼出气体的气味。

健康动物两侧鼻孔呼出气流的强度相等，呼出的气流稍有温感，没有特殊气味。

2. 鼻液检查

鼻液（除正常状态的水牛外）常是呼吸道异常分泌而从鼻腔排出的病理性产物。检查时观察鼻液的量、颜色、性状、稠度及混有物，同时注意鼻液有无特殊臭味。

健康动物鼻黏膜均分泌少量浆液和黏液，不同动物都有其特殊的排鼻液方式，如马和羊等动物均以喷鼻或咽下的方式排出鼻液，犬和猫等动物则用舌舐去鼻液，故从外表均不见或仅能看到少量鼻液。

3. 咳嗽检查

听取咳嗽的声音，注意咳嗽的性质、强度及疼痛反应等，必要时做人工诱咳试验。

人工诱咳法：马属动物取站立姿势，检查者位于动物胸前的侧方；一只手放于动物的鬐甲部，用另一只手的拇指、食指和中指分别握住动物的喉头及第1、第2节气管轮，轻轻加压的同时向上提举，并观察动物的反应。牛可用暂时捂鼻的方法诱发咳嗽，即用多层湿润的毛巾遮盖或闭塞鼻孔一定时间后迅速放开；或用一特制的橡皮（或塑料）套鼻袋紧紧地套于牛的口鼻部，使牛中断呼吸片刻，再迅速去掉套鼻袋，使牛出现深吸气，则可出现咳嗽。小动物经过短时间闭塞鼻孔或捏压喉部、叩击胸壁均可引起咳嗽。

健康动物通常不发生咳嗽，或仅在人工诱咳时可引起一两声的咳嗽反应；如呈连续性的频繁咳嗽，常为喉、气管的敏感反应。

技能二 上呼吸道检查

1. 鼻部及鼻旁窦的检查

观察鼻部及鼻旁窦有无表在病变及形态改变；注意有无水泡；触诊或叩诊鼻旁窦有无敏感反应及叩诊音的改变等。

2. 鼻腔检查

在光线明亮的地方或借助人工光源检查。用单手法时，一只手握笼头，另一只手(右手)的拇指和中指夹住其外鼻翼并向外拉开，食指将其内鼻翼挑起；用双手法时，由助手保定并抬起动物的头部，检查者分别用两手拉开动物的两侧鼻翼即可。检查时，应注意鼻黏膜的颜色，有无肿胀、结节、溃疡或瘢痕。

健康动物的鼻黏膜稍湿润、有光泽、呈淡红色。牛的鼻黏膜前部多有色素附着，所以诊断价值不大。

3. 喉及气管的检查

喉及气管的检查主要采用视诊、触诊和听诊的方法进行。检查大动物及羊时，检查者可站于动物的头颈部侧方，分别以两手自喉部两侧同时轻轻加压并向周围滑动，以感知喉部的温度、硬度和敏感度，注意观察局部有无肿胀。用听诊器分别听取喉和气管的呼吸音，注意呼吸音有无改变。猪和禽类、肉食动物，可打开口腔直接对喉腔及其黏膜进行视诊。

健康动物的触诊和视诊多无异常表现，听诊喉呼吸音为类似“哧—哧”的声音，而气管呼吸音则较为柔和。

技能三 胸廓及肺检查

一、胸廓的视诊

1.检查方法

观察动物胸廓的外形，并由正前方或后方对比观察两侧的对称性。

2.正常状态

健康动物两侧的胸廓大致对称，脊柱平整并保持自然的弯曲度，肋骨呈弓背样膨隆，肋骨间隙的宽度匀称，呼吸时对称性起伏。表面皮肤被毛完好无损。

3.病理变化

(1)扁平胸　表现为胸廓的左右横径短小，见于发育不良、骨软症和慢性消耗性疾病。

(2)桶状胸　表现为左右横径增大，主要见于慢性肺气肿；单侧气胸时，可见胸廓左右不对称。

(3)鸡胸　胸骨柄明显突出，两侧肋骨内陷，见于佝偻病。

(4)胸廓不对称　表现为一侧扁平，另一侧隆起，见于肋骨骨折、骨瘤、骨软症及氟骨症；单侧缩小见于胸膜炎或肺不张；肋骨变形、有折断痕迹可提示骨折等。

二、胸廓的触诊

1.检查方法

一般采用浅部触诊。触诊胸壁的目的在于判断其敏感性、胸壁或胸下有无浮肿、气肿和胸壁震颤，并注意肋骨有无变形或骨折。

2.病理变化

触诊胸壁时动物回视、躲闪、反抗，是胸壁敏感反应，主要见于胸膜炎及肋骨骨折；纤维素性胸膜炎时，可感知胸壁震颤。

幼畜的各条肋骨与肋软骨结合处呈串珠状肿胀，是佝偻病的特征。鸡的胸骨弯曲、变形，提示钙缺乏。

三、胸、肺部的叩诊

1.检查方法

大动物宜用锤板叩诊法，中小动物可用指指叩诊法。叩诊的目的，主要在于发现叩诊音的改变，并明确叩诊区域的变化。同时注意对叩诊的敏感反应。

2.正常状态

健康动物的肺区叩诊呈清音。正常的肺叩诊清音区，多呈近似的直角三角形。

(1)马　其肺脏叩诊区的上界为肩胛骨后角引向髋结节内角的直线；前界为肩胛骨后角向下引的垂线，其下端终于肘头上方；后下界为髋结节水平线与第16肋骨的交点、坐骨结节水平线与第14肋骨的交点及肩关节水平线与第10肋骨交点的连结所成的弧线，其下端终于第5肋骨。

(2)牛　叩诊区的后下界为髋结节水平线与第11肋骨的交点及肩关节水平线与第8肋骨交点的连线，其下端终于第4肋骨；前界为肩胛骨的后缘；上界为距背中线10～15 cm处，此外在其肩前还有一狭小的肩前叩诊区。

(3)猪　前界和上界与马略同，其后下界约于第7肋骨处与肩关节水平线相交。

(4)羊　与牛略同，但无肩前叩诊区。

3.病理变化

(1)叩诊胸部时，动物表现回视、躲闪、反抗等疼痛不安现象，提示胸壁敏感，是胸膜炎的重要特征。

(2)叩诊清音区扩大(主要表现为后下界的扩大)，提示肺气肿和胸腔积气(气胸)的结果。

(3)叩诊清音区缩小，主要为后界前移的结果。多见于腹腔脏器对膈肌施加的压力增加，将肺向前推移所致，如怀孕后期、急性胃扩张、瘤胃臌气、肠臌气、腹腔大量积液、肝脏肿大等。

(4)叩诊音的变化

①浊音　为肺泡内充满炎性渗出物，使肺组织发生实变和密度增加的结果。主要有两方

面原因。

肺内原因　多见于大叶性肺炎的肝变期、小叶性肺炎、异物性肺炎、肺充血和水肿、肺结核、肺脓肿、鼻疽、肿瘤、肺的纤维化和肺萎陷。散在性浊音区，提示小叶性肺炎；成片性浊音区，是大叶性肺炎的特征。

肺外原因　多见于各种原因引起的胸腔积液、胸壁和胸膜增厚的一些疾病如放线菌引起的胸膜肺炎等。

水平浊音主要见于渗出性胸膜炎或胸腔积水，依积液的数量多少为转移，水平浊音区的上界可达不同的高度。猪要特别注意由副猪嗜血杆菌引起的胸膜肺炎等。

②鼓音　典型的鼓音是肺和胸腔内形成异常的含气空间所致。多见于支气管扩张、肺空洞、气胸和膈疝。

③过清音　为清音和鼓音之间的一种过渡性声音，其音调较鼓音低，类似敲打空盒的声音，故又称空盒音。表明肺组织的弹性显著降低，气体过度充盈，主要见于肺气肿。

④破壶音　一种类似敲打破瓷壶所产生的声音。此乃空气受排挤而迅速通过狭窄的裂隙所致。见于肺坏疽、肺脓肿和肺结核等。

⑤金属音　类似敲打空的金属容器所产生的声音，其音调较鼓音高朗。此乃肺部有较大的空洞，且位置浅表、四壁光滑且紧张时形成的。主要见于气胸和肺空洞。

4. 注意事项

(1)叩诊时在两侧整个肺区均应由前到后、自上而下地每隔 3～4 cm(或沿每个肋间)作一叩诊点，进行认真的叩诊检查。

(2)叩诊时除应遵循叩诊的一般注意事项外，对消瘦的动物，叩诊板(或用作叩诊板的手指)宜沿肋间放置。

(3)叩诊的强度应依不同区域的胸壁厚度及叩诊的不同目的为转移，肺区的前上方宜行强叩诊，后下方应轻叩诊，发现深部病变应行强叩诊。

(4)对病区与周围健区，在左右两侧的相应区域，应进行比较叩诊，以确切地判定其病理变化。

四、肺部的听诊

1. 检查方法

一般多用听诊器进行间接听诊。对动物的两侧肺区，应普遍地进行听诊；每一听诊点的距离为 3～4 cm，每一听诊点应连续听诊 3～4 次呼吸周期。

2. 正常状态

健康动物可听到微弱的肺泡呼吸音，吸气阶段较清楚，状如吹风样或类似“夫—夫”的声音。整个肺区均可听到肺泡呼吸音，但以肺区的中部最为明显。肺泡呼吸音的构成主要有以下因素：一是气体出入毛细支气管和肺泡产生的摩擦音；二是空气进入肺泡形成的漩涡运动而产生的声音；三是肺泡收缩和舒张过程由于弹性变化而产生的声音。

肺泡呼吸音的强度和性质，因动物的种类、品种、年龄、营养状态、胸壁厚度、代谢状况而有所不同。运动、气候、外界刺激对肺泡呼吸音也有影响。

各种动物中，马的肺泡音最弱；牛、羊较马明显，水牛则较微弱。幼畜比成年动物肺泡音强。

马的肺区通常听不到支气管呼吸音，其他动物仅在肩后、靠近肩关节水平线附近区域能听到。

3.病理变化

(1)肺泡呼吸音

①肺泡音增强　普遍性增强，为呼吸中枢兴奋性增强，呼吸运动和肺换气加强的结果，如发热、代谢亢进等因素引起。局限性增强，多为代偿的结果，病变侵及部分肺泡和部分肺脏时，病变周边或另一侧健康区域的肺泡出现代偿性的呼吸机能亢进，如小叶性肺炎等。

②肺泡音减弱或消失　表现为肺泡呼吸音极为微弱，吸气时也不明显，甚至听不到肺泡音。

普遍性减弱或消失可见于引起呼吸活动微弱的病程中。局限性减弱或消失，多见于肺组织的弹性减弱或消失，如肺的炎症、渗出及实变；进入肺泡的空气量减少或流速减慢，如上呼吸道狭窄、肺膨胀不全、全身极度衰弱、呼吸麻痹等；呼吸音传导障碍，如胸腔积液、胸壁肿胀、胸膜增厚等。肺部实变和支气管阻塞等疾病也会使呼吸音减弱或消失。

(2)支气管呼吸音或混合呼吸音　在肺区内听到明显的支气管呼吸音，即系病态，可见于肺的炎症与实变。

如在吸气时有肺泡音，呼气时有明显的支气管音，称混合性呼吸音或支气管性肺泡音，可见于大叶性肺炎或胸膜肺炎的初期。

(3)啰音　主要出现于吸气的末期，呈尖锐或断续性，是呼吸道内积有病理性产物的标志。啰音分干啰音与湿啰音。

①干啰音　当支气管有炎性黏稠分泌物，部分阻塞管腔，或因支气管痉挛收缩，管壁水肿或受压迫而使管腔狭窄，空气通过时产生湍流和形成漩涡，而发出异常声音。干啰音声音尖锐，似蜂鸣、飞箭、笛鸣音、类鼾声等。

②湿啰音　当气管或支气管内有较稀薄的液体如渗出液等，空气通过时形成水泡并立即破裂所产生的声音，故又称水泡音。根据发生水泡音的支气管大小不同，可分为大、中、小水泡音。水泡音是支气管炎与肺炎的重要症状，反映气道内有较稀薄的病理产物。

(4)捻发音　类似揉捻毛发样的声音，是细小的水泡音，可见于毛细支气管炎与肺水肿等。

捻发音与小水泡音音质十分相似，但两者的性质和意义却不尽相同，捻发音主要表示肺实质的病变，而小水泡音则主要示意支气管的病变；发生时间上，捻发音在吸气顶点最明显，而小水泡音在吸气和呼气时均可听到；对咳嗽的影响上，捻发音基本稳定，影响较少，而小水泡音常因咳嗽而减少、移位或消失。

(5)胸膜摩擦音　出现于吸气末期及呼气初期，呈断续性，类似两粗糙膜面的擦过声。胸膜摩擦音是纤维素性胸膜炎的特征，注意与啰音区别(表1-6)。

表 1-6 胸膜摩擦音与啰音在临床上的区别

胸膜摩擦音	啰音
1. 听诊距耳较近	1. 听诊较远
2. 紧压听诊器明显增加	2. 紧压听诊器不变
3. 呼、吸气时均可听到，深呼吸时增强	3. 吸气之末最明显，深呼吸时减弱或消失
4. 不因咳嗽而影响	4. 因咳嗽而部位发生变化或消失
5. 呈断续性	5. 呈连续性
6. 多见于肘后、肺区下 1/3、肋骨弓倾斜部	6. 部位不定
7. 触诊有胸膜摩擦感和疼痛表现	7. 无或仅有轻微疼痛感

复习思考题

1. 简述呼吸运动检查的内容和方法及其临床意义。
2. 简述上呼吸道检查的内容、方法和临床意义。
3. 简述支气管呼吸音、肺泡呼吸音、啰音、胸膜摩擦音产生的原因。
4. 简述胸膜摩擦音、啰音、捻发音的鉴别。

任务六　消化系统临床检查

消化系统包括消化管和消化腺两部分。消化管为食物通过的管道，起于口腔，经咽、食管、胃、小肠、大肠止于肛门。消化腺为分泌消化液的腺体，其中唾液腺、肝和胰腺是在消化管外的独立器官，由腺管通入消化道，称为壁外腺。胃腺、肠腺位于消化管内，称为壁内腺。

反刍动物的消化系统有别于其他动物的是有瘤胃、网胃、瓣胃和皱胃四部分，前三个胃合称前胃，其生理功能有两个：一是通过胃的运动磨碎食物，二是通过前胃内微生物和纤毛虫进行生物学消化和合成自身的营养物质。皱胃能够分泌盐酸和胃蛋白酶等消化液，对食物进行进一步的消化和吸收。

从口腔摄入的食物和水，经咽和食道被送到胃肠，在消化液的作用下，食物中各种营养物质分解为氨基酸、脂肪酸和葡萄糖，通过血管吸收供机体利用。而不能利用的废弃物排出体外。

消化道是与外界相通的管道，最易遭受各种生物、理化因子的侵害和刺激，引起动物机体形态学和生理机能的变化。因此，消化系统检查，在兽医临床上有十分重要的意义。

学习目标

1. 掌握口腔、咽、前胃、皱胃、胃肠、腹壁、采食、饮水、反刍及呕吐、排粪动作及粪便的检查方法；

2. 熟悉消化管、消化腺的机能紊乱及器质性病变，前胃疾病的病理变化及其临床意义。

技能一 饮食状态检查

一、饮食欲检查

在临床检查中，一般先进行问诊，条件允许的话应该亲自深入圈舍进行观察或饲喂试验，主要根据采食量、采食时间的长短、咀嚼的力量以及腹围的大小等判断饮食欲的状态。检查时还应注意饲料的种类和质量、饲养制度、饲喂方式以及环境是否发生变化等因素影响。

(一)食欲检查

生理状态下，动物的食欲常因饲料的种类和质量不同、饲喂制度和饲喂方式及饲喂环境的改变等因素的影响而发生暂时性的改变，但能很快地适应和恢复过来。

病理状态下，动物的食欲可能发生减退、废绝、不定、亢进、异食癖等变化。

(1)食欲减退　动物表现不愿采食、采食量减少或喜欢采食一种饲料，是许多疾病的共有症状。主要见于消化器官本身疾病、一切热性病、疼痛性疾病等。

(2)食欲废绝　动物表现拒食饲料，是病情严重的表现。主要见于重剧性的消化道疾病、急性热性病和某些烈性传染病等。

(3)食欲不定　动物表现食欲时好时坏，变化不定。主要见于慢性消化不良，如胃溃疡、胃肠卡他。

(4)食欲亢进　动物表现采食量显著增加。主要见于糖尿病、寄生虫病、早期妊娠和重病的恢复期。

(5)异嗜癖　动物表现食欲紊乱，采食异物(如泥土、煤渣、垫草、粪尿、污水及被毛等)，是矿物质、维生素、微量元素代谢紊乱及神经功能异常的特征，主要见于佝偻病、骨软症、微量元素和维生素缺乏症、猪蛔虫病、狂犬病、伪狂犬病。

(二)饮欲检查

生理状态下，动物饮欲常受到气温、运动、使役、饲料中含水量等因素的影响而有所变化。

病理状态下，常表现为饮欲增加、减少和废绝。

(1)饮欲增加　动物表现口渴多饮。主要见于一切热性病、剧烈腹泻、剧烈呕吐、大量出汗、慢性肾炎、渗出性胸膜炎和腹膜炎以及鸡、猪食盐中毒和牛皱胃阻塞等。

(2)饮欲减少　动物表现不愿意饮水或饮水量减少。主要见于马、骡腹痛病初期，消化道疾病初期以及伴有昏迷症状的脑病等。

(3)饮欲废绝　动物表现拒绝饮水，是病情危重的表现。主要见于重症的传染病和重症的内科病。

二、采食、咀嚼、吞咽动作检查

(一)生理状态

各种动物都有固有的采食方式，如舍饲马用灵活的唇摄食干草食物，放牧的马用上唇将草送至门齿间切断，并靠头牵引动作，把不能咬断的茎扯断；牛舌面粗糙，灵活有力，伸出口外，卷草入口，送至上颌齿枕和下颌切齿间磨断，并借头部运动扯断；羊大致与马相同；猪主要靠上、下腭动作而采食；家禽抬头伸颈，借食物和水的重力以及食管内负压送入嗉囊内或食管扩大部。

(二)病理状态

1. 采食障碍

采食障碍表现为采食不灵活或不能用唇舌采食；采食后不能利用唇、舌的运动将饲料运送到臼齿间进行咀嚼。见于唇、舌、齿、下颌骨、咀嚼肌疾病，如口炎、舌炎、齿龈炎、异物刺入口腔黏膜、下颌关节脱臼、下颌骨骨折。某些神经系统疾病，如面神经麻痹、破伤风时咀嚼肌痉挛，以及脑和脑膜疾病，均可引起采食障碍。

前庭神经功能障碍或中耳疾病可引起头颈歪斜，由于不能保持口腔正常方向，也可引起采食障碍，但此时病畜似有食欲。

2. 咀嚼障碍

(1)咀嚼缓慢　表现为咀嚼无力、次数减少、咀嚼音弱。见于发热病初期、消化功能障碍。

(2)咀嚼痛苦　表现为咀嚼时小心谨慎、想咀嚼而又不敢用力，或咀嚼过程中因疼痛而突然停止，将饲料吐出口外，俗称“吐草”。见于齿病、舌病、口炎等。

(3)咀嚼困难　咀嚼费力、张口困难或不能咀嚼。见于马腹痛病、破伤风、牛胃肠卡他、士的宁中毒。

3. 吞咽障碍

吞咽过程是饲料经咀嚼后，与唾液混合，形成食团，随舌的运动将食团送到舌根，刺激感受器，反射性引起软腭上提，遮住咽腔与鼻腔的通道，同时使会厌软骨转盖住喉口，停止呼吸，防止食团落入气管，然后由咽肌的收缩把食团送入食管，又借食管的蠕动将食团送入胃内。

由此可知，吞咽动作是一种复杂的生理反射活动，这个活动是由舌、咽、喉、食管及吞咽中枢和有关的传入、传出神经共同协调来完成的。上述某一器官发生功能障碍或结构发生异常改变，均可引起吞咽障碍，其特点是病畜表现明显的吞咽困难，如吞咽时摇头、伸颈、前肢刨地，屡次试图吞咽而中止或吞咽时引起咳嗽，并伴有大量流涎。如马常发生饲料残渣、唾液和饮水经鼻反流。

吞咽障碍可见于咽炎(是咽炎的特征性症状)、咽麻痹、食管炎、食管梗死、食管麻痹、食管周围肿瘤的压迫。另外，也可见于三叉神经、面神经、舌咽神经、迷走神经、舌下神经疾病。

三、反刍和嗳气状态检查

(一)反刍检查

反刍是反刍动物特有的生理功能，是指反刍动物采食后周期性地将瘤胃内的食物返回口腔，重新细致地咀嚼再咽下的复杂过程。反刍通常在安静、伏卧或轻役时进行。

(1)生理状态下，动物在饲喂后 0.5～1 h 开始反刍，每昼夜反刍 4～8 次，每次反刍持续时间 30～50 min，每次返回口腔的食团约再咀嚼 40～70 次(水牛 40～45 次)，高产乳牛的反刍次数多，且每次的持续时间长，绵羊和山羊的反刍活动比牛的快。

(2)病理状态下，则出现反刍功能障碍，常见的反刍障碍主要表现如下。

①反刍迟缓　开始出现反刍的时间延迟，如采食后 2～4 h 才开始出现反刍。

②反刍减少　每昼夜反刍的次数减少，如每昼夜仅反刍 1～2 次。

③反刍短促　每次反刍持续的时间短少，如反刍仅 5～10 min 或 15 min 即停止。

④反刍无力　反刍时咀嚼无力、声音弱，咀嚼停止。

以上四种变化常为前胃兴奋性降低、运动功能减弱的表现。见于前胃弛缓、瘤胃臌气、创伤性网胃心包炎、瓣胃和皱胃阻塞的前期、皱胃炎等。

⑤反刍停止　说明内容物干涸。可见于前胃疾病重症，如瘤胃积食后期；严重的全身性慢性消耗性疾病，如结核病后期、恶病质。

⑥反刍痛苦　反刍时不断伸颈、呻吟。常见于创伤性网胃心包炎（腹膜炎）。

（二）嗳气检查

嗳气是反刍动物正常的消化活动，是指反刍动物通过瘤胃收缩和腹肌压迫，将瘤胃内食物发酵产生的气体经过食道、口腔和鼻腔排出体外的过程。

（1）生理状态下，一般牛有嗳气活动 20～30 次/h，羊为 9～12 次/h。可以通过视诊和听诊的方法检查动物的嗳气活动。当嗳气时，于左侧颈部沿食道沟外侧可看到由颈基部向上的气体移动波，同时可听到嗳气时的特有声音。

（2）病理状态下，常表现嗳气增多、嗳气减少、嗳气停止。

①嗳气增多　是瘤胃食物发酵过程增强的结果。主要见于瘤胃臌气之初或使用药物碳酸氢钠之后。

②嗳气减少　是瘤胃机能降低及胃内容物干涸的结果。主要见于各种前胃疾病和热性病，由于嗳气减少常可引起瘤胃臌气。

③嗳气停止　是瘤胃机能严重降低的结果。主要见于重症的瘤胃积食、瘤胃臌气和食道的完全阻塞，嗳气停止如果不能及时采取急救措施，动物将很快窒息死亡。

四、呕吐检查

呕吐是一种病理性反射活动，是由于延脑呕吐中枢反射性地或直接地受到刺激，胃内容物不由自主地经口腔或鼻腔排出体外的过程。

（1）呕吐的表现　不安，摇头伸颈；腹肌强力收缩，食管有蠕动波，从口鼻排出内容物。肉食动物伸头向前，接近地面。

（2）呕吐的原因　引起呕吐的原因一般有两种，即中枢性呕吐和末梢性呕吐（又称反射性呕吐）。

①中枢性呕吐　呕吐中枢直接受毒素、毒物刺激而引起，其特点是呕吐顽固。见于重度脑部疾病和损伤。

②反射性呕吐　咽、食管、胃、腹膜等受到炎性产物和异物刺激反射性引起，其特点是暂时性。见于咽、食管、胃、腹膜部位的疾病和中毒，如食管梗死、瘤胃臌气、胃扩张、犬胃肠炎、仔猪蛔虫病等。

（3）呕吐物的检查　检查呕吐时应注意呕吐出现时间、频度及呕吐物的数量、性质和混杂物。采食后一次呕吐大量正常胃内容物，且短时间内不再出现，在猪和肉食动物为过食所致；

频繁多次呕吐，表示胃黏膜长期遭受刺激，如猪的胃溃疡。呕吐物常为黏液，多见于中枢神经系统严重疾病，如某些脑炎、猪瘟；呕吐物混有血液称为血性呕吐物，见于出血性胃炎及某些出血性疾病，如猫瘟热、犬瘟热；呕吐物混有胆汁呈黄色或绿色，为碱性反应，见于十二指肠阻塞；呕吐物性状和气味与粪便相同，称为粪性呕吐物，主要见于猪、犬的大肠阻塞；犬、猪和反刍动物的呕吐物有时混有毛团、寄生虫和异物，则为寄生虫病或者异食癖所致。

技能二 口、咽及食道检查

一、口的检查

对病畜进行口腔检查，应根据临床需要，采取徒手开口法或借助一些特制的开口器进行，注意根据不同的动物种类选择适宜的开口方法。

(一)开口方法

兽医临床常用的开口方法有徒手开口法和器械开口法两种。

1. 徒手开口法

(1)牛的徒手开口法　检查者站于牛头侧方，先用手轻拍双眼，在其闭眼的时间，以一手的拇、食二指从两侧鼻孔同时伸入并捏住鼻中隔(或鼻环)向上提举，另一手的拇、食、中三指由口角伸入口内，将牛舌向外拉出即可。如牛骚动不安，可用绳索先固定牛角或头部。

(2)羊的徒手开口法　两手拇、中二指分别自口的两侧将上下唇自口角压入齿列间，同时上下用力拉开口腔即可。

(3)犬的徒手开口法　检查者以左手握住犬的两侧口角内压，右手下拉下颌，打开口腔。

(4)马的徒手开口法　通常是以一手食、中二指从一侧口角伸入并横向对侧口角方向，握住舌体后拉出口外，另一手拇指从他侧伸入并顶住上腭即可使口张开。

当一些动物徒手不便或无法打开口腔的时候，可以使用开口器械。

2. 器械开口法

(1)猪的器械开口法　用开口器开口时，由助手紧紧抓住猪的两只耳朵，检查者将开口器平伸入猪的口内，待开口器前端到达口角时，把开口器用力下压，即可打开口腔进行检查或处置。

(2)牛的器械开口法　是将开口器前端送至牛的口角内，另一端向后系在两角之间，此时旋转把柄，即可打开口腔进行检查或处理。

(3)马的器械开口法　可使用单手开口器，一手握住笼头，另一手拿开口器从口角处伸入，将开口器螺旋形部分伸入上、下臼齿之间，使口腔张开。用重型开口器时，将开口器的齿板嵌入上下切齿之间，再转动螺旋柄，即可逐渐使口腔张开。

(4)犬的器械开口法　由助手紧紧抓住两只耳朵进行保定，检查者将开口器平直伸入口内，待开口器前端达到口角时，将把柄用力下压，即可打开口腔进行检查或处置。

3. 开口注意事项

徒手开口时，要注意防止咬伤手指；拉出舌时，不要用力过大，以免造成舌系带损伤；使用开口器时应注意动物头部保定；对患骨软症的病畜应注意防止开口过大，以免造成颌骨骨折。

(二)口腔检查

口腔检查项目主要有流涎、口腔气味、口唇以及口腔黏膜的温度、湿度、颜色和完整性检查,舌头及牙齿的检查。一般采用视诊、触诊和嗅诊的方法进行检查。

1. 流涎检查

口腔中的分泌物或唾液流出口外的过程,称为流涎。健康动物口腔稍湿润,尤其是健康的牛口腔唾液分泌旺盛,有时有少量流涎现象,其他健康动物无流涎现象。

动物表现口腔分泌物增多并自口角流出,主要是由于吞咽困难或唾液腺受到刺激分泌增加的结果,见于各型口腔炎和伴发口腔炎的各种传染病以及咽炎和食道阻塞等疾病。牛群中多数牛只出现大量的丝缕状流涎,同时伴有跛行症状的应注意口蹄疫;猪只口吐白沫,应注意中暑、中毒和急性心力衰竭;犬、鸡若出现大量流涎现象应注意有机磷农药或鼠药中毒。

2. 口腔气味检查

动物在生理状态下,口腔内除在采食之后,可有某种饲料的气味外,一般无特殊臭味,饲喂青贮饲料的家畜口腔有酸臭味。

当家畜患上消化机能障碍的某些疾病时,口腔上皮脱落及饲料残渣腐败分解而发生臭味,见于热性病、口腔炎、肠炎及肠阻塞等;当家畜患有齿槽骨膜炎时,可发生腐败臭味;当奶牛患有酮血症时,可发生大蒜臭味。

3. 口唇检查

健康家畜两唇紧闭、闭合良好,但老龄和衰弱的家畜下唇可因为组织紧张性降低而松弛下垂,具体病理情况有如下表现:

(1)口唇下垂　病畜有时口唇不能闭合,可见于面神经麻痹、某些中毒(马的霉玉米中毒等)、狂犬病、唇舌损伤和炎症、下颌骨骨折、齿间嵌入异物等。唇歪斜,见于一侧性面神经麻痹(如果一侧面神经麻痹,则唇歪向健侧)。

(2)口唇紧闭　是由口唇紧张性增高而引起的,口角向后牵引,口腔不易打开或不能打开。见于破伤风、脑膜炎等。

(3)唇部肿胀　常见于口黏膜的深层炎症,如马血斑病、马传染性脑脊髓炎、饲料中毒、蜂窝织炎等。

(4)唇部疱疹　常见于猪、牛、羊的口蹄疫感染,马传染性脓疱口炎、猪传染性水泡病、黏膜病、马鼻疽和流行性淋巴管炎等。

4. 口腔黏膜检查

口腔黏膜的检查包括颜色、温度、湿度和完整性检查。

(1)颜色检查　我国兽医学对口腔黏膜颜色的变化积累了丰富的经验,对诊断和预后的判断具有重要的参考价值。健康家畜口腔黏膜颜色淡红而有光泽。

在病理情况下,口腔黏膜的颜色有潮红、苍白、发绀、黄染以及呈现出血斑等变化,与眼结膜颜色变化的临诊意义大致相同。口腔黏膜极度苍白或高度发绀,提示预后不良。口腔黏膜出血斑点,可见于出血性素质;舌下部小出血点,常为马传染性贫血。

(2)温度检查　检查家畜口腔温度时,由助手打开口腔,然后手指(主要是利用食指和中指)伸入口腔中感知。正常情况下,口腔温度与体温的临诊意义基本一致。病理情况下,口腔温度增高，常见于热性病、口腔黏膜炎症；口腔温度降低，见于痉挛、严重贫血、虚脱、衰竭及某些中毒病、濒死期等。在检查猪、牛及犬类动物时应同时触诊鼻镜、鼻子的温度加以比较。

(3)湿度检查　检查家畜口腔湿度时，由助手打开口腔，然后手指(主要是利用食指和中指)伸入口腔转动一周，观看手指。正常情况下，健康家畜口腔湿度中等，即检查者手指干、湿相间。病理情况下，口腔湿润甚至表现为流涎，可由唾液分泌旺盛、吞咽障碍、口唇松弛造成，临床上主要见于口炎、咽喉炎、唾液腺炎、咽炎、食管阻塞、口蹄疫、水泡病、面神经麻痹、拟副交感神经药物中毒、狂犬病及破伤风等；口腔干燥是唾液腺分泌减少所致，可见于热性病、肠阻塞、牛瘤胃积食、脱水以及阿托品中毒等疾病。

(4)完整性检查　口腔黏膜出现红肿、发疹、结节、水疱、脓疱、溃疡、表面坏死、上皮脱落等，除见于一般性口炎外，也见于口蹄疫、痘疹、猪水疱性疹等，牛、羊可提示口蹄疫、恶性卡他热及维生素缺乏症，猪提示传染性水疱病、口蹄疫、痘疹，马提示水疱性口炎。其损伤也可由机械性因素、食入粗糙饲料(异物)或者是人为因素引起。

5. 舌的检查

检查家畜舌头应注意它的舌苔、舌色及舌的形态变化等。

(1)舌苔　舌苔是覆盖在舌表面上的一层疏松或紧密的附着物，主要是脱落不全的上皮细胞，其次是口腔分泌物、细菌、饲料残渣，它们黏合在一起构成舌苔，正常时有少量淡薄的舌苔。

病理情况下出现舌苔是胃肠消化不良所引起的一种保护性反应，可见于胃肠疾病(如胃肠卡他、胃肠炎及大肠便秘)和热性病。舌苔厚薄、颜色等变化，通常与疾病的轻重和病程的长短有关。舌苔黄厚，一般表示病情重或病程长；舌苔薄白，一般表示病情轻病程短。

(2)舌色　健康家畜舌的颜色与口腔黏膜相似，呈粉红色且有光泽。在病理情况下，舌色深红色或带有紫色，是循环障碍或缺氧的表现；舌色青紫色，舌质软如绵，说明疾病已经到了垂危期，是预后不良的表现。

(3)形态变化　舌形态的病理变化主要有以下表现。

①舌硬化　舌硬如木，体积增大，致使口腔不能容纳而垂于口外，常见于牛放线菌病。

②舌麻痹　舌垂于口角外并失去活动能力，见于各种类型脑炎后期或饲料中毒(如霉玉米中毒及肉毒梭菌中毒病)，常伴有咀嚼及吞咽障碍等。

③舌部囊虫结节　猪的舌下和舌系带两侧有高粱米粒大乃至豌豆大的水疱状结节，则为猪囊尾蚴病的特征。

④舌体咬伤　因中枢神经功能紊乱而引起，如狂犬病、脑炎等；马舌体横断性裂伤，多为口衔勒伤所致。

6. 牙齿检查

牙齿疾病常为消化不良、消瘦的原因之一，牙齿检查在马属动物尤为重要。当马有流涎、口臭、采食和咀嚼紊乱、齿槽内有大量食物残渣、粪便中有大量消化不全的谷物或粗纤维时，应进行牙齿检查。

检查时应特别注意齿列是否整齐以及牙齿的磨灭情况，有无锐齿、过长齿、赘生齿、波状齿、龋齿及牙齿松动、脱落或损坏等情况。马的牙齿磨灭不整，常见于纤维性骨营养不良，并可成为口腔损伤、发炎的原因；牛的切齿动摇，多为矿物质缺乏症状，切齿过度磨损，齿列不整，釉质失去光泽，表面粗糙，有黄褐色或黑色斑点，常见于牛、羊的氟中毒。

二、咽的检查

当家畜发生吞咽障碍，尤其是伴随着吞咽动作有饲料或饮水从鼻孔流出时，必须做咽部检查，主要是采用视诊和触诊方法进行检查。

(一)咽部视诊

咽部视诊的主要内容是注意头颈姿势及咽部周围是否有肿胀。咽位于口腔的后方和喉的前上方，其体表投影恰位于寰椎翼的前下方和下颌支上端的直后方，因其被腮腺等所覆盖，所以位置较深。外部视诊时，如发现病畜有吞咽障碍，头颈伸展，运动不灵活，并见咽部隆起，则应怀疑咽炎，但需要注意与腮腺炎的区别，腮腺炎发生时吞咽障碍不明显，但局部肿胀范围更大。

(二)咽部触诊

咽部触诊可用两手在咽部左右两侧触压，并向周围滑动，以感知其温度、硬度及敏感性。如见病畜头颈伸直，咽喉部明显肿胀，触诊有热痛反应，常见于急性炎症过程。如幼驹发病且伴有附近淋巴结肿胀，可见于马腺疫；牛咽喉周围的圆形肿胀物，应注意结核、腮腺炎和放线菌病；猪咽部及其周围组织肿胀，应注意咽炎、咽炭疽、链球菌病和急性猪肺疫。当发生咽麻痹时，黏膜感觉消失，触碰无反应也不出现吞咽动作。

三、食道检查

当病畜表现吞咽障碍、大量流涎并怀疑食道疾病时，应做食道检查。常用视诊和触诊检查颈部食道，用探诊的方法检查胸腹部食道。

(一)食道视诊

检查者站在动物的颈部左侧方，注意观察吞咽动作、食物沿食管通过的情况、局部有无肿胀和波动。正常时看不到食道，病理情况下颈沟部出现界线明显的局限性膨隆，多见于食道阻塞；如果食道呈腊肠样肿大，多见于食道扩张；如食道出现自下而上的逆蠕动运动，常见于马急性胃扩张；如出现波浪状食道肌肉收缩，常见于马食道痉挛。

(二)食道触诊

检查者站在病畜左侧，左手放在右侧食道沟部以固定颈部，右手指端沿左侧颈部食管沟自上而下滑动检查，注意是否有肿胀、异物、波动感及敏感反应等。当食道发炎时，触诊有疼痛反应和痉挛性收缩；当食道痉挛时，触诊食道紧张呈索状；当颈部食道阻塞时，触诊可感知阻塞物的大小、性状及性质；当胸部食道阻塞时，整个食道膨大如腊肠样，触诊如捏粉状。

(三)食道探诊

一般根据动物的种类及大小选定不同口径及相应长度的胃导管，牛、马等大动物用长2.0～2.5 m、内径10～20 mm、管壁厚3～4 mm的；猪、羊用长0.9 m，外径12 mm的，要求其软硬度适宜。探诊前胃导管应用消毒液浸泡，并涂润滑油；动物要保定，尤其要保定好头部。如需经口探诊，应加装开口器，大动物及羊一般可经鼻、咽探诊。

操作时，检查者站在病畜头一侧，一只手把握住鼻翼，另一只手持胃导管，自鼻道(或经口)徐徐送入，当胃导管的前端达到咽腔时(大动物30～40 cm深度)可感觉有抵抗，此时可稍停推进并加以轻微的前后抽动，待动物发生吞咽动作时趁机送下。如动物不吞咽，可由助手捏压咽部以引起其吞咽动作。

当胃导管通过咽后，应立即判定是否正确地插入食管内。插入食管内的判定：用胶皮球向胃导管内打气时，不但能顺利打入，而且在左侧颈沟可见有气流通过的波动，同时压扁的胶皮球不会鼓起来。插入气管的判定：用胶皮球向胃导管内打气时，在颈沟部看不到气流波动，被压扁的胶皮球可迅速鼓起来。如胃导管在咽部转折时，向胃导管打气困难，也看不到颈沟部的波动。此外，胃导管在食管内向下推进时可感到有抵抗和阻力。但如在气管内时，可引起咳嗽并随呼气有呼出的气流，也可作为判定胃导管是否在食管内的方法。胃导管误插入气管内时，应取出重插，胃导管不宜在鼻腔内多次扭转，以免引起黏膜破损、出血。

食道探诊，主要用于提示有食道阻塞性疾病、胃扩张或为抽取胃内容物时用，对食管狭窄、食管憩室及食管受压等病变也具有诊断意义。食道探诊是检查胸部食道疾病的一种方法，同时也是一种有效的治疗手段。根据胃导管进入的长度和动物的反应，可确定食道阻塞、狭窄、憩室和炎症发生的部位，并可提示胃扩张的可能。根据需要可借助胃导管抽取胃内容物进行实验室检查。如食道阻塞时，则胃导管到达阻塞部位即不能前进；食道憩室时，插入憩室内则不能前进，若反复提插胃导管有时可以从憩室上方通过；食道扩张或狭窄时，则插入胃导管困难，但饮水未见变化；食道痉挛时，则胃导管前进阻力增大，如果缓慢操作有时可以通过；食道炎时，食道探诊病畜多表现不安、咳嗽、虚嚼；急性胃扩张时，当胃导管插入胃内后，可有大量酸性气体或黄绿色稀薄胃内容物从管内排出。食管和胃的探诊兼有治疗作用。

四、嗉囊检查

家禽嗉囊是食道在胸部入口前的囊状膨大部分，稍偏左。嗉囊黏膜内分布有黏液腺，分泌黏液。嗉囊是积存、磨碎、浸润和软化食物的器官。检查嗉囊的主要方法是触诊和视诊。

(一)软嗉

软嗉的特征为视诊嗉囊膨大，凸出于颈下部。触诊有气球感并有波动，如将头部倒垂同时压迫嗉囊时，可从口腔中排出少量液状或黏性黄色含有气泡、并带酸臭味的内容物，多伴有呼吸困难，常见于摄入发霉、变质和容易发酵的饲料的鸡只，尤以雏鸡多见，也见于鸡新城疫及嗉囊卡他。当雏鸡发生有机磷中毒时，嗉囊可见明显膨大。

(二)硬嗉

硬嗉又称为嗉囊秘结或嗉囊食滞，其特征是视诊嗉囊显著膨大，触诊坚硬或呈面团感，压迫时可排出少量未经消化的饲料，常见于采食多量粗纤维饲料的雏鸡。

技能三 腹腔、胃及肠道检查

一、腹腔的检查

腹腔的检查主要以视诊和触诊为主。

(一)腹部视诊

腹部视诊的内容主要是观察腹部外形、轮廓、容积和肷窝充满度，包括腹围检查和腹部病变检查。

1. 腹围检查

健康动物腹围的大小与外形，除母畜妊娠后期生理性的膨大(以右侧膨大为主)及长期放牧条件下自然形成的增大外，因家畜的种类、品种、性别、年龄、体格、妊娠而不同，还决定于胃肠内容物的数量、性质并受腹膜腔的状态和腹壁紧张度的影响。因营养状态及饲养方式等不同而有较大差异，如经常饲喂粗饲料的动物腹围大，而长期饥饿的动物腹围小；肥膘型的猪腹围大，而瘦肉型猪腹围小；食欲好的动物腹围大，食欲差的动物腹围小；平时饲喂粗精料搭配得当的动物、经常用来骑乘的马腹围紧缩。

在病理状态下，常有腹围增大和腹围缩小两种情况。

(1)腹围增大　正常时因动物妊娠、肥胖可引起腹围增大。病理情况下，多由胃肠积气、积食、腹腔积液等引起。反刍动物左侧腹围膨大常见于瘤胃臌气、瘤胃积食，右侧腹围膨大常见于皱胃积食和瓣胃阻塞，两侧腹围膨大常见于腹腔积液；马属动物右侧腹围膨大常见于肠臌气，两侧腹围膨大常见于胃肠积食和腹腔积液；腹壁局限性肿胀见于血肿、腹壁疝和淋巴外渗；猪两侧腹围膨大见于胃食滞，脐部肿胀见于脐疝；犬腹围膨大见于胃扩张、腹水和肠便秘。

①胃肠积气　胃肠内蓄积大量气体时，腹部上方显著增大为其特点。特别是当气体蓄积于盲肠及大结肠时，常见肷部隆起，腹壁紧张，如行叩诊，发生清朗的鼓音。观察牛时，检查者站在牛的正后方，左腹部膨胀呈“苹果”状。主要见于肠胀气、积气的肠管破裂所致的腹腔积气、马的气胀性胃扩张、反刍动物瘤胃臌气等。

②胃肠积食　可见腹中部膨隆明显，触诊坚实，叩诊呈浊音，增大缓慢，程度较轻，经常是接近积食器官的部位腹部明显增大。观察牛时，检查者站在牛的正后方，左腹部膨胀呈“梨”状。见于大结肠阻塞，牛皱胃积食、瘤胃积食以及马的食滞性胃扩张。

③胃肠积液　也可引起腹围增大。

④腹腔积液　腹下部、腹底部明显膨隆，腹腔内积有大量渗出液或漏出液时，腹部下方两侧呈对称性膨大为其特征。触诊有波动感，叩诊呈水平浊音，变换动物体位，水平浊音的上界也随之发生变化。见于腹腔积水、渗出性腹膜炎、胃肠破裂、膀胱破裂或内脏血管破裂、犬膀胱高度充盈等。另外，犬的子宫蓄脓、腹腔肿瘤等也可引起腹围增大。

⑤局限性隆起　见于腹壁水肿、局部炎症(脓肿、蜂窝织炎等)、血肿、淋巴外渗、腹壁疝、脐疝等。

(2)腹围缩小　反刍动物腹围缩小主要见于长期饲喂不足、食欲不振、顽固性腹泻及慢性消耗性疾病，如贫血、结核、副结核、营养不良和寄生虫病等；马属动物腹围缩小，表示胃肠内容物显著减少，可见于长期饥饿、剧烈腹泻及腹肌紧张时，如马纤维性骨营养不良、破伤风、腹膜炎；猪腹围缩小见于长期饥饿、食欲减少、顽固性腹泻和慢性消耗性疾病，如慢性猪瘟、仔猪副伤寒、仔猪贫血、气喘病、热性病及肠道寄生虫病；犬腹围缩小除见于细小病毒病、犬瘟热等腹泻病外，也见于慢性消化道疾病、寄生虫病及营养不良等。临床上根据腹围缩小的发展和变化常见有以下 3 种类型。

①腹围急剧缩小　在剧烈腹泻等病程中，如急性胃肠炎，由于严重脱水、食欲废绝和胃肠内容物急剧减少引起。高热性疾病及剧烈的呕吐，严重吞咽功能障碍，严重的咽炎、咽麻痹也可导致腹围急剧缩小。

②腹围逐渐缩小　在慢性消耗性疾病和长期发热时，如慢性鼻炎、慢性马传染性贫血、肠道蠕虫病，由于食欲减退、吸收功能降低和消耗增多而逐渐引起。

③腹围蜷缩　后肢剧痛性疾病时，造成腹肌高度紧张和强烈收缩，常表现明显的腹围蜷缩，见于蹄部炎症、便秘、痉挛疝等；在破伤风或腹膜炎时，因腹肌紧张，可见轻度的腹围蜷缩。

2. 腹部病变检查

腹部病变检查主要注意有无腹壁创伤，如钝性挫伤、牛角顶伤。

(二)腹部触诊

1. 触诊方法

(1)马的腹部触诊　主要是判定腹壁的敏感性和紧张度。触诊时，检查者站在马的胸侧方，面向尾方，一手放在背部作支点，另一手依检查目的不同，采用拳、手掌或手指进行间歇性触压，应避免粗暴或突然触压，以致动物惊恐，影响检查效果。

(2)牛、羊的腹部触诊　健康的牛、羊腹壁触诊反应比较迟钝。主要检查腹壁敏感性和紧张度。腹壁敏感性增强，见于急性腹膜炎和肠套叠等。腹壁紧张度增高，见于破伤风。

(3)犬、猫的腹部触诊　犬、猫的腹壁薄软，腹腔浅显，便于触诊。如将犬、猫的前后躯轮流高举，几乎可触知全部腹腔脏器，开始触压时腹壁紧张，但触压几次后腹壁便弛缓。

(4)猪的腹部触诊　使猪取站立姿势保定，检查者位于后方，两手同时自两侧肋弓后开始加压触摸，同时逐渐向上向后方滑动进行检查；或使猪侧卧，然后用手掌或并拢、屈曲的手指，进行深部触诊。

2. 腹部触诊的异常变化

(1)腹壁敏感性增高　动物表现躲闪、反抗、回顾等动作，提示腹膜炎和胃肠炎。

(2)腹壁紧张度增高　腹壁肌肉紧张、收缩、弹性减小，见于破伤风，有时也见于传染性脑脊髓炎及腹膜炎等。

(3)腹壁紧张度降低　见于腹泻、营养不良、热性病等。

(4)腹部有击水音　由助手将手掌放在对侧腹壁作为支点，检查者用拳或手掌对腹壁进行冲击触诊，如有击水音或回击波，提示腹腔积液。

(5)腹下水肿　触诊捻粉状，指压留痕，常见于肝片吸虫病、心力衰竭、肾脏病和营养不良。

(6)腹部疝气　常见于猪的腹壁疝和脐疝，腹壁或脐部呈局限性膨大，听诊可听到肠音，触诊可发现疝环。

二、猪胃肠的检查

猪胃的容积较大，位于剑状软骨上方的左季肋部，其大弯可达剑状软骨后方的腹底部；小肠位于腹腔右侧及左侧的下部；结肠呈圆锥状，位于腹腔左侧；盲肠大部分在右侧。一般采用视诊、触诊和听诊的方法进行检查。

(一)检查方法

猪站立保定，检查者自两侧肋弓后开始，渐向后上方滑动加压触摸；或取侧卧，用屈曲的手指，进行深部触诊；或用听诊器于剑状软骨与脐中间腹壁听取胃蠕动音，腹腔左、右侧下部听取肠蠕动音。

(二)病理变化

视诊时如左肋下区凸出,病猪呼吸困难,表现不安和犬坐姿势,常因胃胀气或过食引起。触诊胃区有疼痛反应,见于胃食滞、胃炎。当胃食滞时行强压触诊可感知坚实的内容物或引起呕吐;肠便秘时深触诊可感知较硬的粪块;胃肠炎时肠蠕动音增强;便秘时肠蠕动音减弱;肠臌气时叩诊呈鼓音;肠音高朗、连绵不断则见于急性胃肠炎或伴随有肠炎的传染病;肠音低沉、微弱或消失,则常为肠阻塞引起。

三、牛、羊胃肠的检查

(一)胃的检查

1. 瘤胃检查

反刍动物的瘤胃占据了左侧腹腔的绝大部分,与腹壁紧贴,成年牛的瘤胃容积为全胃总容积的 80%。瘤胃检查通常用视诊、触诊、叩诊及听诊等方法。用手指或叩诊锤于左肷部进行叩诊,以判定其内容物性质;用右手握拳或以手掌触压左肷部,感知其内容物性状、蠕动强弱及频率;用听诊器于左肷部听诊,以判定瘤胃蠕动音的次数、强度、性质及持续时间。检查瘤胃就是通过对瘤胃的运动功能以及内容物性状的判定来诊治瘤胃相关疾病。

(1)瘤胃视诊　正常时左侧肷窝部稍微凹陷,牛、羊放牧或吃饱后接近平坦,瘤胃臌气或瘤胃积食时,肷窝凸出与髋结节同高。尤其在急性臌气时,凸出更为显著,甚至和背线一样平,站在牛的正后方观察左侧腹部呈"苹果"状或"梨"状。左侧肷窝凹陷加深,可见于长期腹泻、食欲减退、饥饿、前胃消化功能障碍等。

(2)瘤胃触诊　为了了解瘤胃蠕动的次数和强弱,检查者站于牛的左侧方,面向动物后方,左手放于动物背部作支点,用右手手掌或拳放于左肷上部,先用力反复触压瘤胃,以感知其内容物性状,后静置以感知其蠕动力量并计算蠕动次数。

触诊瘤胃内容物性状时,因采食前后及部位而不同。采食前,瘤胃上部有约 3 cm 厚的气体层,故较松软;采食后,肷窝部硬度似面团样硬度,用拳压迫后,其压痕约保持 10s 不退。瘤胃中、下部内容物较坚实,因腹肌张力较大,一般需要冲击触诊检查才能感知内容物性状。

正常状态下,触诊感知瘤胃收缩的强度时,瘤胃内的食团沿瘤胃内表面呈波浪状散布,互相混合。食团在胃背囊中混合时,肷窝部鼓起。此时,手可感知腹壁显著紧张并隆起,将检手抬起,然后逐渐降下。

正常瘤胃收缩次数,牛为 1～3 次/min,绵羊、山羊为 2～4 次/min。每次收缩持续时间为 15～30 s。

瘤胃收缩在病理状态下,内容物性状、蠕动强度和次数,均可发生不同程度的改变。上腹壁紧张而有弹性,用力强压也不能感到胃中坚实的内容物,表示瘤胃臌气;触诊瘤胃内容物坚硬,压痕久久不能消失,见于瘤胃积食;内容物稀软,瘤胃上部气体层可增厚至 5～7 cm,常见于瘤胃弛缓。

瘤胃蠕动力量微弱,次数稀少,持续时间短促,或蠕动完全消失,则为瘤胃功能衰弱的表现,常见于瘤胃弛缓、瘤胃积食、热性病和其他全身性疾病;瘤胃蠕动力量增强,次数频繁,持续时间延长，常见于急性瘤胃臌气初期、毒物中毒或给予瘤胃兴奋药物时。

(3)瘤胃听诊　在反刍动物左肷窝部听诊，根据瘤胃蠕动音的强度、次数和持续时间，判定瘤胃的运动功能状态。正常状态时，瘤胃随每次蠕动出现逐渐增强又逐渐减弱的雷鸣声，又似吹风样或远雷声。病理状态下瘤胃的蠕动音会发生下列变化。

①蠕动音增强　音强，次数增多，持续时间长，见于瘤胃臌气初期。

②蠕动音减弱　音弱，次数减少，持续时间短，见于前胃弛缓、热性病。

进行瘤胃听诊时，还可听到其他异常声音，如流水音，在瘤胃长期弛缓时，其上部液体量增加，随着瘤胃蠕动，可听到似流水的声音。如果在腹部左侧的前下方听到与瘤胃蠕动不一致的流水声，应考虑是否为皱胃的左方变位；如果在腹部左侧下方叩诊时出现钢管音，则提示皱胃左侧变位。

(4)瘤胃叩诊　健康的牛左肷窝部为鼓音，其强度因内容物及气体多少而异。由肷窝向下逐渐变为半浊音，下部完全为浊音。在病理状态下，若浊音区范围扩大，甚至肷窝处也为浊音，提示瘤胃积食；如鼓音区范围扩大，肷窝下部也呈现明显的鼓音，则是瘤胃臌气的典型特征。

2. 网胃检查

网胃位于腹腔左前下方，相当于第 6～8 肋骨间，前缘紧贴膈肌，与心脏相隔约 1 cm，其后部恰位于剑状软骨之上。误食尖锐的金属异物后，常在网胃的前下方刺入胃壁引起创伤性网胃心包(腹膜)炎，进一步发展能引起膈、心包创伤，个别情况下也可刺伤肝脏、肺及腹膜。因此，网胃的检查重点是检查有无因异物创伤引起的疼痛反应。必要时采用金属探测器和 X 线诊断，常用的诊断方法如下。

(1)网胃视诊　牵引病牛走下坡路或向左侧做急转弯运动，如病牛表现不安、呻吟、躲闪、反抗或企图卧下等行为，或当下坡和急转弯时，病牛表现运动小心，步态紧张、不愿前进、四肢集于腹下，甚至呻吟、磨牙等，均为网胃敏感疼痛的反应，提示可能为创伤性网胃心包(腹膜)炎。

(2)网胃触诊

①捏压法　由助手牵住病牛的鼻中隔向前牵引，额头线与背线水平，检查者强捏起鬐甲部皮肤。健康的牛在捏压鬐甲皮肤时，呈现背腰下凹姿势，但并不试图卧下。

②拳压法　检查者蹲于牛的左前肢稍后方，右手握拳，顶在剑状软骨部，肘部抵于右膝上，以右膝频频抬高，使拳头顶压网胃区。

③抬压法　检查者二人分别站于牛的胸部两侧，各伸一手于剑状软骨下互握，并向上抬举，各将其另一手放于鬐甲部，并向下压，或以一木棒横放于剑状软骨下，两人自两侧抬举，同时抬高后突然放低，并将木棒前后移换位置，以实施对网胃的压迫，以观察动物反应。

(3)网胃叩诊　只有当异物刺伤横膈膜时才有反应，叩诊时用强叩击沿横膈膜的附着线(即肺叩诊区的后界)进行叩击。

(4)网胃听诊　于第 7 肋骨的肋软骨结合部听诊，由于液体内容物在网胃收缩时推动网胃-瘤胃皱襞，出现持续 8～12 s 的轻微“沙沙”音。在一个起始的网胃-瘤胃收缩波之后是一个单独的收缩波，二者比例为(2∶1)～(1∶2)，应注意观察。

(5)特殊检查　应用 X 光机和金属探测仪进行检查，如呈现阳性，可快速确诊创伤性网胃腹膜炎和创伤性网胃心包炎。

(6)血液学检查　创伤性网胃心包(腹膜)炎病初白细胞总数增加,其中中性粒细胞增加,核左移,嗜酸性粒细胞、嗜碱性粒细胞和单核细胞减少或消失,红细胞和血红蛋白增加;后期白细胞总数降低,红细胞和血红蛋白减少,血沉加快。此法可作为该病的辅助检查方法。

3. 瓣胃检查

瓣胃检查主要用听诊和触诊方法进行。瓣胃位于右侧第 7～10 肋间,肩关节水平线上下各 3～5 cm 的范围内。如果瓣胃蠕动音减弱甚至消失,见于瓣胃阻塞、各种热性病等;如果触诊敏感、疼痛、抗拒、不安,见于瓣胃创伤性炎症、瓣胃阻塞;如果瓣胃穿刺阻力大,穿刺针停滞不动(正常时做圆周运动),可确诊瓣胃阻塞。

(1)瓣胃听诊　正常瓣胃蠕动时发出细弱的捻发音,或成“沙沙”声,且在瘤胃蠕动音之后,采食后更为明显。瓣胃蠕动音减弱或消失,常见于瓣胃阻塞、严重的前胃疾病及发热性疾病。

(2)瓣胃触诊　用四指尖部触压或用拳冲击,观察动物有无疼痛反应,如有明显的坚硬或敏感反应,主要提示瓣胃创伤性炎症,也可见于瓣胃阻塞等。

(3)瓣胃穿刺　主要用来检查瓣胃阻塞、积液、消化不良等,临床上常用瓣胃穿刺的方法来诊断和治疗瓣胃阻塞。

4. 皱胃检查

皱胃位于右侧第 9～11 肋间,沿肋骨弓下部区域直接与腹壁接触。皱胃检查,可以使用视诊、触诊、叩诊和听诊。羊和犊牛可取左侧卧姿势,检查者手插入右肋骨弓下方进行深触诊;皱胃区可听到皱胃蠕动音,类似于肠音,呈流水音或含漱音。

(1)皱胃视诊　正常时右侧腹壁皱胃区平坦,如向外突出,左右腹壁明显不对称,提示皱胃严重阻塞和扩张。

(2)皱胃触诊　将手指插入肋骨弓下方行强压触诊,排除动物的保护性反应外,如表现回顾、躲闪、呻吟、后肢踢腹,表示皱胃区敏感疼痛,见于皱胃炎、溃疡和扭转等;如触诊皱胃区感觉内容物坚实或坚硬,则为皱胃阻塞的特征;如冲击触诊有波动感,并能听到击水音,提示皱胃扭转或幽门阻塞,十二指肠阻塞。

(3)皱胃叩诊　正常反刍动物皱胃区叩诊为浊音,如出现鼓音,则提示皱胃扩张。有时也可在左侧沿着左髋骨结节与同侧肘突假设连线上进行叩诊,如在左侧肋骨弓区用叩诊和听诊相结合的方法,听到钢管音,则多为皱胃左方移位。

(4)皱胃听诊　皱胃的蠕动音类似于肠道蠕动音,呈流水音或含漱音。蠕动音增强,见于皱胃炎症、消化不良;蠕动音减弱或消失,见于皱胃阻塞、皱胃功能减退等。

(二)肠管检查

反刍动物的肠管位于腹腔右侧的后半部,中间是结肠盘,盲肠位于结肠盘上方,小肠卷曲于结肠盘的周围,在右侧腹壁听诊可听到短而稀疏的流水音。肠常用的检查方法是听诊,对成年牛可以进行直肠检查,对犊牛和羊可以使用外部触诊。

健康反刍动物肠蠕动音短而稀少,声音也较微弱,小肠音类似于含漱音、流水音,大肠音类似鸠鸣声。在放牧、喂青草和运动后,常出现生理性肠音增强,在舍饲、运动缺乏和饮水不足的情况下,肠音多减弱。在病理状态下,可出现肠音增强、减弱或消失。

1. 听诊

(1)肠音增强　肠音高朗,连绵不断,持续时间延长,见于急性肠炎和内服泻药后。

(2)肠音减弱　肠音短而弱,次数稀少,见于一切热性病、瓣胃阻塞等引起消化道功能障碍。

2. 触诊

健康动物触诊右腹壁,正常为软而不实之感,如触诊有充实感,多为肠阻塞;右腹壁敏感,见于腹膜炎;如对右侧肷窝部进行触诊有胀满感,或同时有击水音,而且叩诊呈鼓音,则疑为小肠或盲肠变位,应结合直肠检查进行鉴别。

总之,肠音亢进见于各种类型的肠炎和胃肠炎以及某些伴有肠炎的传染病和中毒病等;肠音减弱见于肠便秘、肠阻塞、中毒和重症肠炎;肠音消失见于肠变位、肠臌气和重症肠阻塞;肠音不整见于慢性胃肠卡他;金属音见于肠痉挛和肠臌气。触诊有充实感或表现敏感、躲闪、有拍水音等,则表明肠道发生了问题。

四、马胃肠的检查

(一)马胃检查

马的胃脏位于腹腔中部偏左侧,其体表投影位置在左侧第 14～17 肋骨,髋结节水平线上下相对处。由于马胃位置深在,从临床检查中可以得到启示,而胃导管探诊和直肠检查也具有一定的诊断意义。

1. 临床检查

家畜经常表现精神萎靡、嗜睡、食欲紊乱、口臭、有舌苔、可视黏膜轻度黄染,提示胃卡他。当幽门痉挛、急性胃扩张时,动物表现不安、呼吸困难、呕吐,由后方正中进行左右对比观察,有时可见左侧胸廓中部第 15 肋间稍显隆起,强力叩诊呈鼓音。急性胃扩张安静时,特别是肠音减弱或消失时,胃区能听到短促而微弱的“沙沙”音、流水音或金属音,频率为 3～5 次/min。

2. 胃导管探诊和直肠检查

(1)急性胃扩张　胃导管探诊可有大量带酸臭味的气体或者液体状内容物向外逸出,而且症状得到缓解。直肠检查时,可发现胃壁紧张或脾脏后移。

(2)胃扩张　用胃导管探诊可导出大量的胃内容物或气体,病畜随即安静,病情好转。直肠触诊可在肾前下方摸到紧张而有弹性的胃后壁。

(二)马肠管检查

马的肠管检查主要应用听诊,目的在于了解肠音的强度、频率和性质,来判断肠管的运动功能及内容物的状态,其他检查方法效果都不佳。正常马小肠蠕动音如流水音或含漱音,8～12 次/min;大肠音如雷鸣声或远炮声,4～6 次/min。

1. 肠管听诊部位

马的肠管体表投影位置是左侧肷部上 1/3 为小结肠,左侧肷部中 1/3 处为小肠,左腹部下 1/3 为左侧大结肠,右侧肷部为盲肠,右侧肋骨弓下方为右侧大结肠,右侧腹股沟部也为小肠。

2. 正常肠音

健康的马小肠音清脆,类似流水声或含漱声,平均蠕动 8～12 次/min。大肠音低钝,类似雷鸣声或远炮声，平均蠕动 4～6 次/min。肠音常因肠管的运动功能、饲料的质量、肠内容物的性状以及使役的强度等而有所不同。听诊后根据肠音强度描述为响亮和微弱，根据肠音次数描述为活泼和稀少，根据蠕动波的长短描述为延长、短促和持续不断。

3. 病理性肠音

（1）肠音增强　肠音高朗，连续不断，不用听诊器甚至远距离即可听到音响，由于肠黏膜对刺激性兴奋性上升，使肠管蠕动功能明显增高所致。见于肠臌气初期、胃肠炎初期及肠痉挛、有机物中毒、伴发肠炎的传染病和寄生虫病。如伴随有剧烈腹痛现象则主要提示痉挛疝。

（2）肠音减弱　肠音短促而微弱，次数减少，由于肠管蠕动迟缓所致。见于重度胃肠炎、肠阻塞、热性病、脑膜脑炎及中毒病等。

（3）肠音消失　肠蠕动音消失，说明肠蠕动功能完全丧失、肠管麻痹，表明病情危重。见于肠麻痹、重度胃肠炎后期、便秘等痛症晚期、肠阻塞后期以及胃肠破裂的濒死期。另外，重度肠臌气及急性胃扩张时，消失后的肠音又重新出现，为病情好转的征象。

（4）肠音不整　肠音次数不定，肠音时强时弱，时快时慢，持续时间时长时短，而且肠的蠕动波不完全，说明肠蠕动功能紊乱。主要见于慢性胃肠卡他。由于腹泻与便秘交替发生，因此在病程经过中出现肠音快慢不均、强弱不一的现象。

（5）金属性肠音　类似水滴落在金属薄板上的声音，是肠内充满大量气体或肠壁过于紧张，邻近的肠内容物移动冲击该部肠壁发生振动而形成的声音。多见于肠臌气及肠痉挛。有时在健康的马盲肠底部可听到金属性肠音。

马的肠管检查除听诊外，还可以应用触诊及叩诊。触诊靠近腹壁的容积较大的肠管，如盲肠或左上、下大结肠，可判断其内容物的性状。当有弹性感觉时，内容物为气体，如呈波动感，则可能为液状内容物。

叩诊腹壁的相应部位，可根据叩诊音的性质，推断靠近腹壁较大肠管（盲肠、左侧大结肠）的内容物性状，如呈鼓音，为肠腔积气；如呈浊鼓音，为气体与液体混合存在；如呈连片的浊音区，可提示该段大结肠阻塞。

五、犬、猫胃肠的检查

（一）犬、猫胃检查

犬和猫的胃脏检查方法以触诊为主，视诊、叩诊和探诊结合进行，视具体情况还可以做胃镜检查、胃液检查以及 X 线检查等。

1. 胃的触诊

（1）检查方法　犬、猫的腹壁较薄，常用触诊方法检查。通常用双手拇指以腰部作支点，其余四指伸直置于两侧腹壁，缓慢用力感觉腹壁及胃肠的状态。也可将两手置于两侧肋骨弓的后方，逐渐向后上方移动，让内脏器官滑过指端，进行触诊。腹壁触诊可以确定胃肠充满度、胃肠炎、肠便秘及肠变位等。在左前腹部肋骨弓下方，往前上方触压，可感知胃内容物的多少、性质、有无异物及敏感性，对判断胃扩张、胃内异物、胃炎及胃溃疡等具有重要价值。

（2）病理变化　当采食大量干燥食物而不能呕吐引起急性胃扩张，触诊时可在两侧肋下部摸到胀满、坚实的胃；当胃内有异物时，胃部触诊有疼痛反应，有时在肋下部可摸到胃内异物；

胃扭转时，腹部触诊可摸到一个紧张的球状囊袋；在急性胃卡他、胃炎、胃溃疡时，胃部触诊有疼痛反应；胃扩张时，左侧肋骨弓下方膨大；肠便秘时，在骨盆腔前口可摸到香肠粗细的结粪；肠套叠时，可以摸到坚实而有弹性的肠管；肠音增强见于消化不良、胃肠炎的初期；肠音减弱见于肠便秘、肠阻塞和严重的胃肠炎等。

2. 胃的视诊

腹围扩大多因胃扭转、胃扩张、胃肿瘤等疾病引起。

3. 胃的叩诊

一般取仰卧姿势进行叩诊，当空腹叩诊时，从剑状软骨后直到脐部呈鼓音，采食后呈浊音。在发生食滞性胃扩张时，浊音区扩大；当发生气胀性胃扩张时，出现大面积的鼓音区；发生胃扭转时，腹部膨胀，呈鼓音或金属音。

4. 胃的探诊

经鼻腔或口腔将胃导管(小型犬和猫用人用导尿管)插入食管和胃进行探诊。当发生气胀性胃扩张时，从胃导管内排出较多的酸臭气体；当发生胃扭转时，插入的胃导管停顿于贲门附近，或者当用力而能推进胃内时，则有带臭味的气体和带血的液体从管内逸出。

(二)犬、猫肠道检查

犬、猫的肠管检查可以采用视诊、触诊、叩诊和听诊。此外，可以视情况考虑做结肠镜检查和 X 线检查。

1. 肠管视诊

腹围增大见于肠臌气和腹腔积液，猫可能是传染性腹膜炎。当偏瘦的犬发生降结肠便秘时，在骨盆口左侧壁可看到由粪便引起的局限性隆起；腹围缩小见于急剧腹泻、慢性胃肠卡他、长期营养不良和慢性消耗性疾病。

2. 肠管触诊

肠管触诊对于检查肠便秘、肠套叠、肠扭转、肠内异物等具有重要意义。犬以肠套叠和肠内异物较多见。肠秘结时，触摸到肠道内有一串坚实或坚硬的粪块。肠内异物时可以摸到肠管内的坚实异物团块，前段肠胀气。肠扭转时，可以发现局部触痛和臌气的肠管，有时可以摸到扭转的肠管或肠系膜。肠套叠时，可以触摸到质地如鲜香肠样、有弹性、弯曲的圆柱形肠段，触压该部，动物表现剧痛。此外，当腹膜炎时，腹壁紧张度增高，触压腹壁有疼痛反应。

3. 肠管听诊

根据胃肠音的强弱、频率、持续时间和音质，可以判定胃肠的运动功能和内容物的性状。健康犬、猫肠音似捻发音，病理性肠音有以下几种。

(1)肠音增强　肠音洪亮、高而强、频繁、持续时间长，是因肠管受到各种刺激所致。见于肠胀气初期、胃肠炎初期及肠痉挛。

(2)肠音减弱　肠音短促而微弱、次数稀少，是由肠管蠕动迟缓所致。见于重度胃肠炎、肠阻塞、热性病、脑膜脑炎及中毒病等。

(3)肠音消失　肠音消失，是肠管麻痹或病情严重的征象。见于重度胃肠炎、除肠痉挛以外的多种疝痛病(如肠阻塞、肠变位等)后期，以及胃肠破裂的濒死期。

(4)肠音不整　肠音次数不定，时快时慢，时强时弱，而且蠕动波不完全，主要见于慢性胃肠卡他。由于腹泻与便秘交替发生，因此在病程经过中出现肠音快慢不均、强弱不一的现象。

(5)金属性肠音　类似水滴落在金属薄板上的声音，是肠内充满大量气体或肠壁过于紧张，邻近的肠内容物移动冲击该部肠壁发生振动而形成的声音，多见于肠胀气及肠痉挛。

4. 肠管叩诊

叩诊腹壁的相应部位，可根据叩诊音的性质，推断靠近腹壁较大肠管(结肠)的内容物性状，如呈鼓音，为肠腔积气；如呈浊鼓音，为气体与液体混合存在；如呈连片的浊音区，可提示该段结肠阻塞。

技能四　直肠检查

直肠检查是指检查者伸手进入直肠内隔着肠壁对腹腔及骨盆腔器官进行触诊的一种方法。直肠检查对大家畜发情鉴定、妊娠诊断、腹痛病、母畜生殖器官疾病、泌尿器官疾病具有一定的诊断价值，同时对某些疾病具有重要的治疗作用。下面主要介绍牛和马的直肠检查方法及注意事项。

一、马直肠的检查

(一)检查目的及意义

(1)当马属动物表现为明显腹痛综合征时，直肠检查在判断疾病的部位、性质、程度及鉴别诊断上均有重要价值，并兼有治疗作用。

(2)对泌尿生殖器官(如肾脏、膀胱、子宫、卵巢等)和肝、脾病变、骨盆或腰椎骨折，或怀疑有腹膜炎等疾病时，直肠检查在诊断上具有一定意义。

(3)在畜牧业生产中，直肠检查对发情鉴定、妊娠诊断具有实际意义。

(二)检查前的准备

(1)被检动物应确实保定。一般以六柱栏保定较为方便，通常要加肩绳和腹绳，必要时可用鼻捻子保定，以防卧倒或跳跃。也可根据需要，采取横卧保定或仰卧保定。对被检动物实施保定后，助手可将马尾提到检查者所在的另一侧，为便于检查，可使动物取前高后低的位置。

(2)术者剪短磨光指甲，穿工作服、胶质围裙和胶靴，充分露出手臂，用肥皂水清洗后，涂以润滑剂如液状石蜡等。必要时可戴长袖乳胶手套。

(3)直肠检查前，病畜如出现紧急病情，应立即采取相应的抢救措施，如对腹痛剧烈的病马应先镇静；发生肠臌气、腹围膨大、呼吸迫促或困难时，应先行穿肠放气；表现心脏衰弱时，应注射强心剂。

(4)一般情况下，先用温肥皂水约 2 000 mL 灌肠，以清除直肠内的蓄粪并使肠管弛缓，便于检查。但怀疑直肠穿孔时，切忌灌肠。如直肠痉挛，过于紧张，可用 1% 普鲁卡因溶液 20～30 mL 行后海穴封闭，以促使直肠及肛门括约肌松弛。

(三)操作方法

(1)采用柱栏保定时，术者站于被检马的左后方，一般以右手进行检查。横卧保定时，右侧横卧时用右手，左侧横卧时用左手，术者取伏卧姿势。

(2)术者将检查手拇指抵于无名指基部，其余四指并拢，并稍重叠成圆锥形。将液状石蜡倒入掌心后，以旋转动作通过肛门进入直肠。当直肠内有蓄粪时，应小心纳入掌心后取出。如膀胱内贮有大量尿液而过度充盈时，应轻轻按摩或稍加压迫，以促其排空，或进行人工导尿。

(3)检查手沿肠管方向徐徐伸入，尽量使更多的肠管套在手臂上，按照"努则退，缩则停，缓则进"的要领进行操作。即当被检的马努责时，手随之后退；肠管强力收缩时，手停止不动；肠管弛缓时，再继续伸入。

特别注意部分直肠狭窄部(中兽医称"玉女关"，为马属动物所特有)能套在检手上，即至少使前四指(除拇指外)的第三或第二指节骨通过直肠狭窄部的前缘，才可进行检查，这是保证直肠安全检查的关键。如检查手完全能通过狭窄部(指大马)，则更便于检查。切忌手未找到肠管方向就盲目前伸，或未套入直肠狭窄部就急于检查。当直肠狭窄部入手困难时，可采取手臂下压肛门的方法，诱导患病马做排粪动作，便于直肠狭窄部套在手上，下压肛门还有减少努责的作用。

(4)当检查手伸入部分或全部直肠狭窄部后，用并拢的食指、中指及无名指指腹轻轻触摸，根据脏器的位置、大小、形状、硬度，内容物性状、移动性和敏感性，肠壁有无纵带及肠系膜状态等，判断病变脏器的病变性质和程度。在直肠检查的整个过程中，检查手指均应并拢，绝不允许叉开手指随意抓摸，切忌粗暴，以免损伤肠管。

(四)检查顺序

直肠检查应按照一定顺序进行，这样较易发现异常，确定诊断。

马属动物的直肠检查，根据被检脏器分布的部位及其相关性，可分为5组，按组序检查，便于操作和记忆。

第一组：肛门→直肠→膀胱→子宫或腹股沟管内口。

第二组(左腹后组)：小结肠→左侧大结肠→左腹壁。

第三组(左腹前组)：脾→左肾→胃。

第四组(腹中组)：腹主动脉→前肠系膜根→十二指肠。

第五组(右腹组)：胃状膨大部→盲肠→右腹壁。

检查顺序：肛门→直肠→骨盆腔→膀胱→小结肠→左侧大结肠及骨盆曲→腹主动脉→左肾→脾脏→肠系膜根→十二指肠→胃→盲肠→胃状膨大部。

(五)常见的病理变化及其临床意义

(1)肛门　首先注意肛门周围是否有污染粪便、血液、寄生虫(蛲虫、马胃蝇幼虫等)，并检查肛门的紧张度。肛门括约肌紧张度增高，见于各种类型的肠阻塞；紧张度减弱，见于衰老动物、长期腹泻、脊髓麻痹等。

(2)直肠　感知直肠内容物的多少和性状，以及黏膜的温度及有无创伤等。直肠膨大空虚，表明肠内容物后送停止，见于肠阻塞中后期；直肠壁紧张，同时有大量浓稠黏液蓄积，提示可能有肠变位并伴发炎症反应；直肠内温度增高，见于直肠炎；检查手附有血液，并发现黏膜有裂孔，表明直肠破裂；在直肠内触摸到大量坚固的粪块，常见于直肠阻塞。

(3)膀胱　位于骨盆腔底部，在直肠下方可感触膀胱，但母马需隔着阴道和子宫颈触摸膀胱。膀胱空虚无尿时，缩成较柔软的梨状，充满尿液时呈囊状，触之有波动感。触压膀胱，如敏感、疼痛，提示膀胱炎；触压发现囊内有硬块状物体时，疑为膀胱结石；膀胱高度膨大，充满尿液，提示膀胱括约肌痉挛或膀胱麻痹、尿道结石或阻塞。

(4)子宫和腹股沟管内口　母马直肠下方，膀胱的后上方可摸到子宫(包括子宫角、角间沟、子宫体、子宫颈等)。如一侧或两侧子宫角膨大，有波动感，常提示妊娠或子宫蓄脓等。马耻骨前下方 3～4 cm、体中线两侧、距白线 11～14 cm 处，用手指感触左右侧各裂隙，正常时可插入 1～2 指，此为腹股沟管内口。检查时宜注意腹股沟管内口内径大小、有无软体物阻塞、有无疼痛等。如有肠管嵌入，并表现剧痛，提示腹股沟疝。

(5)小结肠　大部分位于骨盆口前方，体中线左侧，小部分位于右侧，游离性较大，肠内有鸡卵大粪球，多为串珠状排列。如小结肠内有大量硬固、椭圆形粪球或长圆柱形坚硬粪块，并有疼痛反应，提示为小结肠阻塞。

(6)左侧大结肠　左侧大结肠通常位于腹腔左侧，其中左下大结肠较粗，且有纵带和肠袋，位置相当于耻骨水平线的下方，左上大结肠较细，肠壁光滑、无肠袋。重叠于左下大结肠之上，或在左下大结肠内上侧，与左下大结肠平行，左下大结肠移行为左上大结肠时，在骨盆前口处弯曲折回形成骨盆曲(比左上、左下大结肠都细，表面光滑，呈游离状态，通常位于耻骨前缘的左侧或体中线处，也有稍偏右侧的)。在骨盆曲的小弯部有 10～20 cm 的结肠系膜，并由此稍向下伸延就可摸到左下大结肠，据此易把骨盆曲与小结肠区别开。直肠检查时如发现骨盆曲部肠管内充满较硬积粪，呈弧形或圆柱形，约如小臂粗，此时左下大结肠多有大量积粪，骨盆弯曲因此可能退入骨盆腔，或右移到盲肠底后方，并有疼痛反应，则提示骨盆曲阻塞。越过左侧大结肠再向左，可摸到左腹壁，正常时表面光滑，如呈粗糙感，并有疼痛反应，提示腹膜炎。

(7)脾　沿左腹壁向前，约至最后肋骨部可触知脾脏的后缘，呈扁平镰刀状，与左腹壁紧贴。如先触到左肾，也可在左肾的左前下方触摸脾脏。体格大的马脾脏后缘通常不超过最后肋骨，但有些马，尤其是驴、骡，脾脏可超过最后肋骨，甚至达髋结节下方。脾脏明显后移，同时伴发剧烈腹痛及呼吸急促等症状，常为急性胃扩张的特征。

(8)左肾　在腹腔后上方，左侧第 2～3 腰椎横突的下方，可触及左肾的后半部，呈圆形、表面光滑而较坚实的物体。触诊时有压痛，提示急性肾炎。

(9)胃　位于腹腔左前上方(体表投影在左季肋部)，其后缘通常可达第 16 肋骨，因位置靠前，正常情况下难以触摸。但体型短小的马，使其呈现前高后低站立姿势时，可以摸到胃。

如触诊胃囊膨大、后移，并伴随呼吸而前后移动，提示胃扩张。

(10)腹主动脉和前肠系膜根　腹主动脉紧贴椎体下方，稍偏左侧，触之呈管状，有明显的搏动感。在直肠检查中可作为体中线的标志，便于寻找前肠系膜根。触摸前肠系膜根的方法是，手沿腹主动脉向前，当被一下垂的索状物阻挡时，手指触感柔软有弹性，且有前肠系膜动脉搏动，即为前肠系膜根。如触感该部有鸡蛋大的膨大物，具有明显搏动、紧张而有疼痛反应时，疑为寄生虫性动脉瘤。如触知肠系膜紧张度增加，方向改变，同时伴随有剧痛，存在局限性肠管积气，常提示肠变位。

(11)十二指肠　在前肠系膜根的后方，上距腹主动脉 10～15 cm 处，有从右向左横行的十二指肠第二弯曲部。这段肠管的位置比较固定，在触到前肠系膜根后，将检手指腹向上贴近脊椎骨腹面缓缓向后移动，于第1、第2腰椎下可感到横行的十二指肠。如按此法没有摸到十二指肠，可能肠管在手下方，可将手掌翻转向下，手指微曲，再从前肠系膜根处缓缓后移，即可触到横行的十二指肠。检查时，如发现此段肠管变粗，呈圆柱状，硬固，表面光滑，并有疼痛反应，应疑为十二指肠阻塞。

(12)胃状膨大部　右上大结肠后半部即为胃状膨大部，位于腹腔右侧上1/3处，盲肠底的前下方。检查时，手可从前肠系膜根右侧前伸，进行触感。但健康的马因胃状膨大部的内容物松软或空虚不易摸到。此处如呈半球形或漏斗状坚硬物，并随呼吸运动而前后移动，伴有腹痛症状，疑是胃状膨大部阻塞。

(13)盲肠　在右肷部，可触及盲肠底和盲肠体，呈膨大的囊状物，因上部有一定量的气体而具有弹性，当气体和内容物少时，有空虚的感觉。手在盲肠的后方，可摸到一条由后上方走向前下方的盲肠腹侧纵带，在此纵带的前方可摸到一条较细的、走向大致相同的盲肠内侧纵带，纵带走向对确定盲肠位置有重要作用。如在骨盆腔前口的右肷窝部摸到排球大的坚实结粪，同时伴有腹痛症状时，提示盲肠阻塞。

(六)注意事项

(1)进行直肠检查时，必须严格遵守操作规程和掌握操作要领，注意人畜安全，切忌粗暴或疏忽大意，避免造成直肠损伤或穿孔，甚至导致病畜预后不良的恶果。

(2)要熟悉腹腔和骨盆腔内因诊断需要而可能检查到的器官的正常解剖位置和生理状态，从而有利于判断病理过程中的异常变化。

(3)直肠检查取得的效果，在相当程度上有赖于检查者的熟练程度和经验。因此，应在学习和工作中反复练习。

(4)当发现直肠壁有可疑穿孔时，严禁进行温水灌肠，应尽快确定穿孔性质和部位，采取必要的急救措施。

(5)把直肠检查结果与临床症状及其他必要的辅助检查、实验室检查等结合起来，进行综合分析，才能确切诊断。

二、牛直肠的检查

(一)检查目的和意义

(1)当病牛表现有明显腹痛综合征时，直肠检查在判断疾病的部位、性质、程度及鉴别诊断上均有重要价值，兼有治疗作用。

(2)当泌尿生殖器官(如肾脏、膀胱、子宫、卵巢)和肝、脾的病变、骨盆骨折或腰椎骨折，或怀疑有腹膜炎等疾病时，直肠检查在诊断上具有一定意义。

(3)在牛的发情鉴定、妊娠诊断、人工授精及胚胎移植等方面都具有实际意义。

(二)检查前准备工作

(1)被检牛应确实保定。一般以六柱栏保定较为方便，通常要加肩绳和腹绳，必要时可用牛鼻钳保定，以防卧倒或跳跃。也可根据需要，采取横卧保定或仰卧保定。为便于检查可使动物取前高后低的位置。

(2)术者指甲剪短磨光，穿工作服、胶质围裙和胶靴，充分露出手臂，用肥皂水清洗后，涂以液状石蜡等润滑剂,必要时可戴长袖乳胶手套或专用直肠检查手套。

(三)操作方法

(1)采用柱栏保定时,术者站于被检牛的左后方,一般以右手进行检查。横卧保定时,右侧横卧时用右手,左侧横卧时用左手,术者取伏卧姿势。

(2)术者将检查手拇指抵于无名指基部,其余四指并拢,并稍重叠呈圆锥形。将液体石蜡倒入掌心后,以旋转动作通过肛门进入直肠。当直肠内有蓄粪时,应小心纳入掌心后取出。如膀胱内贮有大量尿液而过度充盈时,应轻轻按摩或稍加压迫,以促其排空,或进行人工导尿。

(3)手沿肠管方向徐徐伸入,尽量使肠管更多地套在手臂上,按照“努则退,缩则停,缓则进”的要领进行操作。即当被检查的牛努责时,手随之后退;当肠管强力收缩时,手停止不动;当肠管弛缓时,再继续伸入。

(4)当手伸入部分或全部直肠狭窄部后,用并拢的食指、中指及无名指指肚轻轻触摸,根据脏器的位置、大小、形状、硬度,内容物性状、移动性和敏感性,肠壁有无纵带及肠系膜状态,判断病变的脏器、病变性质和病变程度。在直肠检查的整个过程中,手指均应并拢,不得叉开手指随意抓摸,切忌粗暴,以免损伤肠管。

(四)检查顺序、被检器官特征和病理变化及其临床意义

(1)肛门及直肠　正常时,检查手进入直肠后,可感到直肠内充满较稀软的粪团。在病理状态下,如直肠空虚而干涩,直肠黏膜上附着干燥、碎小的粪渣,提示肠阻塞;如直肠内出现大量黏液或带血黏液,提示肠套叠或肠扭转。

(2)膀胱及生殖器官　膀胱位于骨盆腔底部,空虚时如拳头大,充满尿液时如排球大且有波动感。膀胱显著膨大,充满骨盆腔,可能是由于尿道结石或尿道痉挛引起膀胱积尿所致。触诊膀胱敏感,膀胱壁增厚,提示膀胱炎;膀胱异常空虚,有时触到破裂口,提示膀胱破裂。对母牛可触摸子宫及卵巢的大小、形状和形态变化。对公牛可触摸副性腺及骨盆部尿道的变化等。

(3)瘤胃　检查手触诊骨盆腔脏器后继续向前移动,首先在骨盆腔前口的左侧能触到瘤胃的后背盲囊,正常时表面光滑,呈面团样硬度,同时能触感瘤胃的波动。触摸时感到腹内压异常增高,瘤胃的后背盲囊抵至骨盆腔入口处,瘤胃壁紧张充满气体,提示瘤胃臌气。当触感瘤胃异常坚实,有疼痛反应,提示瘤胃积食。

(4)肾脏　左肾悬垂于腹腔内,位置不固定,取决于瘤胃内容物的充满程度。瘤胃充满时,左肾被挤到正中矢面的右侧;瘤胃空虚时,则大部分回到正中矢面的左侧,其前后活动范围在第 2～6 腰椎横突的腹侧。检查时注意其大小、形状、表面状态、硬度等。如肾脏增大,触压敏感,肾的分叶结构不清,多提示肾炎;如肾盂肿大,肾门部位有波动感,一侧或两侧输尿管变粗,多为肾盂肾炎和输尿管炎。右肾因位置较前,其后缘达第 2～3 腰椎横突腹侧,较难触摸。

(5)腹主动脉　在椎体下方腹腔顶部可以触到粗管状、具有明显搏动感的腹主动脉。

(6)肠　牛的大小肠全部位于腹腔右半部。在耻骨前缘的右侧可触到盲肠,盲肠尖常抵骨盆腔内,感知有少量气体或软的内容物。在盲肠的上方,即右上部,腰椎横突的腹侧有结肠初袢和结肠终袢及十二指肠平行排列,摸时其彼此界线不易分辨清楚。在直肠的下方,即右腹中部,可触及圆盘状的结肠盘。空肠及回肠位于结肠盘的下方,正常时不易摸到。肠腔呈异常充满且有硬块感时,多为肠阻塞;如有异常硬实的肠段,触诊时剧痛,并有部分肠管充气者,多疑为肠变位;右侧腹腔触之异常空虚,多疑为皱胃左侧变位。

技能五 排粪检查

一、排粪动作的检查

排粪动作的检查应注意观察动物排粪的动作和姿势，了解动物排粪次数。正常状态时，各种动物均有固有的排粪姿势和相对稳定的排粪次数。

健康动物因种类不同，均有固定的排粪姿势。马、牛、羊排粪时，背腰稍弓起，后肢稍张开并略前伸。犬排粪则采取近于坐下的下蹲姿势。马和山羊能在行进中完成排粪。猪可一边采食一边排粪。健康动物的排粪次数及排粪量与采食饲料的数量、质量及活动状况有密切关系。牛每昼夜排粪 10～18 次，排粪量 15～35 kg；马每昼夜排粪 8～11 次，排粪量 15～20 kg；羊每昼夜排粪 3～8 次，排粪量 1～3 kg；猪每昼夜排粪 2～5 次，排粪量 1～3 kg；犬每昼夜排粪 1～3 次，排粪量 0.3～0.8 kg。

二、粪便的感官检查

从粪便的形状、色泽、湿度、气味和有无混杂物及饲料消化状态等方面鉴别粪便是否正常。健康动物的粪便形状和气味，依动物种类有所不同，而且受饲料的数量特别是质量的影响极大。牛粪便较软，落地形成叠层状粪盘；但水牛的粪便多较稀；乳牛采食大量青饲料时则粪便也很稀薄。马粪便呈球形，落地后部分碎开，多为黄绿色。羊粪多呈极小的干球状。猪粪呈稠粥状，完全饲喂配合饲料的猪粪便呈圆柱状。犬和猫的粪便呈圆柱状。

禽类的粪便分为小肠粪便和盲肠粪便，有时混同排出，有时分别排出。正常鸡的小肠粪便为圆柱形，细而弯曲，不软不硬，多为棕绿色，粪的表面附有白色的尿酸盐；盲肠粪便一般在早晨单独排出，常为黄棕色或褐色糊状，有时也混有尿酸盐。尿酸盐是禽类尿中的正常排泄物，常与粪便同时排出。刚出壳尚未采食的雏鸡，排出的胎粪为白色和深绿色稀薄液体，主要是肠液、胆汁和尿液，有时也混有少量从卵黄囊吸收的蛋黄。一般草食动物的粪便无恶臭味，而猪、犬、猫及禽的粪便较臭。

三、异常情况

(1)腹泻(下痢)　排粪的次数频繁并且粪便稀薄。见于肠卡他、肠炎、猪大肠埃希菌病、猪传染性胃肠炎、羔羊痢疾、犬细小病毒病等。

(2)便秘　排粪次数减少，排粪费力并且粪便干、硬、色深。见于严重的发热性疾病、反刍动物前胃弛缓、瘤胃积食等疾病。

(3)排粪失禁　动物不采取固有的排粪姿势，腹肌不收缩而粪便自行经肛门流出，提示肛门括约肌松弛或麻痹。常见于急性胃肠炎、荐部脊髓损伤。

(4)排粪疼痛　动物排粪时，表现疼痛不安或伴有呻吟。可见于腹膜炎、直肠损伤、创伤性网胃炎等。

(5)里急后重　动物长时间采取排粪姿势或反复、频做排粪动作，用力努责，而仅有少量粪便或黏液排出。可见于直肠炎或牛子宫、阴道的炎症。

(6)粪便气味异常　粪便有特殊腐败或酸臭味。多见于各型肠炎或消化不良。

(7)粪便形态异常　粪坚硬、色深，见于肠弛缓、便秘、热性病；牛的稀粪中混有片状硬粪块，提示瓣胃阻塞；粪便稀软、水样，常是下痢的症状；水牛粪便呈柏油样，可见于胃肠阻塞。

(8)粪便颜色改变　粪便呈黑色，提示胃或前部肠道的出血性疾病；粪球外部附有红色血液，是后部肠管出血的特征；粪便呈灰色黏土状而缺乏粪胆素，可见于某些动物的阻塞性黄疸。

(9)粪便有混杂物　混有未消化饲料残渣，提示消化不良；混有多量黏液，可见于肠卡他；混有血液或排血样便，是出血性肠炎的特征；混有灰白色、片状的脱落黏膜，提示伪膜性肠炎，也可见于猪瘟等。

(10)禽的粪便改变　白色糊状稀粪，常见于雏鸡白痢，主要发生于3周龄以内的雏鸡；绿色水样粪便，常见于鸡新城疫、禽流感、鸡伤寒等急性传染病；带水软粪便，常见于饲料配合不当引起的消化不良，如饲料中豆饼、麸皮、水分含量过多；棕红色或黑褐色稀粪，提示粪便中含有血液，常见于球虫病、出血性肠炎及某些急性传染病；泡沫状稀粪，多见于感冒或核黄素缺乏等；蛋清、蛋黄样粪便，常见于母鸡前殖吸虫病、输卵管炎或鸡新城疫等。

复习思考题

1. 简述采食和饮水的检查方法及其临床意义。
2. 简述大动物和小动物腹腔检查的特点及临床意义。
3. 引起腹泻的主要原因是什么？
4. 简述直肠检查的方法和注意事项。
5. 排粪动作及粪便异常有哪些？
6. 简述粪便感观检查的临床意义。

任务七　泌尿生殖系统检查

泌尿系统是由肾脏、输尿管、膀胱和尿道组成。肾脏是尿液形成器官，其他部分是尿液排泄的通路，称尿路。泌尿系统在神经、体液的调节下，分工协作，不断排出体内的代谢产物和有害物质，维持水、电解质和酸碱平衡，对保护体内环境的恒定具有重要的作用。

生殖系统分公畜生殖系统和母畜生殖系统。公畜生殖系统主要包括阴囊、睾丸、附睾、精索、阴茎及附性腺体(前列腺、贮精囊和尿道球腺)；母畜生殖系统包括卵巢、输卵管、子宫、阴道和阴门。母畜的乳房检查同样具有重要的诊断意义。

学习目标

1. 了解动物的排尿动作、尿液的感观性状、肾、膀胱、尿道、外生殖器及乳房的正常状态和检查方法；

2. 掌握排尿动作异常、尿液的感观性状改变、外生殖器及乳房异常的表现、尿道探针和导尿技术；

3. 熟悉排尿障碍和尿液异常的临床意义。

技能一 排尿状态检查

一、排尿动作的检查

排尿动作检查要观察和了解动物在排尿过程中的行动与姿势、排尿次数，注意是否有排尿异常等。

各种健康动物依其性别的不同而采取固有的排尿姿势。母牛、母猪和母羊排尿时，后肢展开、下蹲、举尾、背腰弓起；公牛和公羊排尿时不做准备动作，靠会阴部尿道的脉冲运动，尿液呈股状一排一停地流出，且可以在行走中或采食时排尿；公猪排尿时尿流呈股状断续射出。母马排尿时前肢略前伸，腹部和尻部略下沉，先行一次吸气后暂停呼吸，开始排尿，并借助腹肌收缩使尿液呈股状射出，排尿后可见阴唇有数次缩张。公马排尿时阴茎不同程度伸出于阴鞘外，排尿后开始呼吸时常发出轻微呻吟声。母犬、幼犬和母猫先蹲下再排尿，公犬和公猫常将一后肢翘起排尿，有将尿液排在其他物体上作尿标记的习惯。正常动物每天排尿次数如下：牛 5～10 次、羊 2～5 次、马 5～8 次、猪 2～3 次、犬和猫 3～4 次，但公犬和公猫常因嗅闻物体或尿标记而产生尿意，短时间内可多次排尿。

二、尿液的感官检查

动物排尿或导尿时收集尿液，注意检查尿液的气味、透明度、颜色，并用量杯接取，估计其排尿量。

不同动物新排出的尿液具有一定的气味，尤其是雄性动物如公山羊、公猫和公猪的尿液具有难闻的臊味。一般尿液越浓，气味越烈。尿量依饮水及饲料的质和量以及外界温度、使役、运动情况而不同。通常马每昼夜 3～6 L、牛 6～12 L、猪 2～5 L、羊 0.5～2 L、犬 0.25～1 L、猫 0.1～0.2 L。马尿呈淡黄色，牛尿色淡，猪尿几乎无色，犬的尿液呈鲜黄色。马尿因含有大量的碳酸钙而显浑浊，其他动物尿均透明。

三、异常情况

1. 排尿活动的异常

(1)多尿与频尿　多尿表现为排尿次数增多，同时每次均有大量尿液排出，可见于慢性肾病或渗出性胸膜炎的吸收期。频尿则表现为时呈排尿动作，而每次仅有少量尿液排出，主要见于膀胱炎及尿道炎。

(2)少尿与无尿　少尿表现为排尿次数减少而且尿量也减少，可见于热性病、急性肾炎。无尿即没有尿液排出。真性无尿是动物没有排尿动作，也无尿排出，是泌尿机能严重障碍的表现，可见于急性肾炎；假性无尿是动物肾脏仍能生成尿液，但尿液滞留在膀胱内无尿液排出(又称尿闭或尿潴留)，或因膀胱破裂，尿液进入腹腔，动物也不见排尿的现象，可见于尿道结石或阻塞(主要见于公牛和公猪)，也可见于膀胱括约肌痉挛、膀胱破裂。

(3)尿失禁与尿淋漓　动物不自主地或未采取固有的排尿姿势与动作，而尿液自行流出，称尿失禁；动物腹压增高或姿势改变时，经常有少量尿液呈滴状流出，称尿淋漓。此时，母畜的后肢常被尿液淋湿，主要见于膀胱及其括约肌的麻痹或中枢神经系统疾病。

（4）排尿疼痛　动物于排尿时表现疼痛、不安、呻吟或屡取排尿姿势而排尿，谨慎、痛苦，可见于膀胱炎、尿道炎或尿道结石与阻塞。

2. 尿液感官检查异常

（1）气味　尿呈强烈的氨臭味，可见于膀胱炎或尿液长期潴留；牛酮尿病时，尿呈醋酮（近似氯仿或烂苹果）味；猪尿有腐败臭味，应注意于猪瘟。

（2）浊度　马尿变为透明，多呈酸性，是病态反应，可见于发热病、饥饿及骨软症。牛和肉食动物的尿变混浊，常提示肾脏和尿路疾病。

（3）颜色　尿色变深，可见于热性病或尿量减少；尿呈深黄色且其泡沫也被染成黄色，可提示肝病及胆道阻塞性黄疸。

①红色尿　排除药物影响的因素外，红色尿是血尿或血红蛋白尿的特征。血红蛋白尿多透明，放置后无红细胞沉淀，血红蛋白尿是溶血性病的特征，可见于新生仔畜溶血病、牛血红蛋白尿症或梨形虫病及成年动物（马、牛、猪）硒缺乏症等，马则还应注意肌红蛋白尿病。血尿则浑浊，放置后可出现红细胞沉淀，血尿是肾或尿路、膀胱出血的结果，如为鲜血，多系尿道损伤；如混有大量凝血块，则多为膀胱出血，也可见于肾或膀胱肿瘤。

②白色尿和脓尿　白色尿可见于乳糜尿及饲喂钙质过多；脓尿见于肾、膀胱和尿道的化脓性炎症及猪的肾虫病等。

技能二　泌尿器官检查

一、肾脏的临床检查

1. 检查方法

动物的肾脏检查一般采用视诊、触诊和叩诊的方法进行，必要时应配合尿液的实验室检查。

（1）视诊　注意观察动物背腰肾区状态、运步状态。此外，应特别注意眼睑、腹下、阴囊及四肢下部是否水肿。

（2）触诊和叩诊　大动物可行外部触诊、叩诊和直肠触诊。外部触诊或叩诊时，检查者先将左手掌平放于腰背肾区上，然后用右手握拳，轻轻在左手背上叩击，同时观察动物的反应。

直肠检查肾脏时，体格小的大动物可触及左肾的全部、右肾的后半部。检查时应注意肾脏的大小、形状、硬度、敏感性、活动性、表面是否光滑等。小动物则只能进行外部触诊，动物取站立姿势，检查者用两手拇指压于腰区，其余手指向下压于髋结节之前、最后肋骨之后的腹壁上，然后两手手指由左右挤压并前后移动，即可触及肾脏。

2. 健康动物肾脏的位置与形态

牛肾椭圆形，具有分叶结构。右肾长椭圆形，位于第 12 肋间及第 2～3 腰椎横突的下面；左肾位于第 3～5 腰椎横突的下面，不紧靠腰下部，略垂于腹腔中，当瘤胃充满时，可完全移向右侧。羊肾表面光滑，不分叶。右肾位于第 1～3 腰椎横突的下面；左肾位于第 4～6 腰椎横突下。马右肾类似心形，位于最后2～3胸椎及第1腰椎横突的下面；左肾呈蚕豆形，位于最后胸椎及第2、第3腰椎横突的下方。猪左右两肾几乎在相对位置，均位于第1～4腰椎横突的下面。肉食动物的右肾位于第1～3腰椎横突的下面；左肾位于第2～4腰椎横突的下面。

二、膀胱的检查

大动物只能进行直肠触诊；中、小动物可将手指伸入直肠内触诊，或在腹腔入口前沿下方或侧方通过腹壁触诊。主要检查膀胱的位置、大小、充盈度、膀胱壁的厚度以及有无压痛等。

三、尿道的检查

雌性动物的尿道开口于阴道前庭的下壁，检查时可将手指插入阴道，在其下壁可触摸到尿道外口。也可用消毒过的开膣器打开阴门，检查者戴额镜或借用手电筒光照进行观察。雄性动物位于骨盆腔内的部分尿道，可在直肠内行触诊，而位于骨盆及会阴以外的部分可行外部触诊。公马的尿道可行尿道探诊，而公猪和雄性反刍动物尿道因有乙状弯曲，用导尿管探诊较为困难。

尿道探诊与导尿，通常用与动物尿道内径相适应的橡皮导尿管，对母畜也可用特制的金属导尿管。

(1)准备工作　所用导尿管应先用消毒药液浸泡消毒；术者的手臂及被检动物的外生殖器也应清洗、消毒。通常应将动物站立保定(特别应保定其后肢)，以防踢人。

(2)公马的探诊及导尿法　动物保定并清洗其包皮囊的污垢后，一般先用右手抓住其阴茎的龟头并慢慢拉出；再用左手固定其阴茎，以右手用消毒药液(2%硼酸液或0.1%高锰酸钾液等)清洗其龟头及尿道口；之后，取消毒的导尿管，自尿道口处徐徐插入；当导尿管尖端达坐骨弓处时，则有一定阻力而难以继续插入，此时，可由助手在该部稍加压迫，以使导管前端弯向前方，术者再稍稍用力插入，即可进入骨盆腔而达膀胱，尿液则自行流出。

(3)母马的导尿法　先将外阴部用0.1%高锰酸钾液洗净；术者右手清洗、消毒后伸入阴道内，在前庭处下方触摸外尿道开口；以左手送入导尿管直至尿道开口部；用右手食指将导尿管头引入尿道口，再继续送入10 cm左右，即达膀胱。必要时，可用阴道扩开器打开阴道而进行。

母牛及母猪的导尿法基本与母马的一致。

四、异常情况

1. 肾区检查异常

肾区的捶击试验或触诊时动物呈疼痛不安，视诊时动物表现背腰僵硬、拱起、运步小心，后肢运动迟缓，可见于肾炎、肾脏及周围组织发生化脓性感染、肾脓肿等；肾脏质地坚硬、体积增大、表面粗糙不平，可提示肾硬变、肾肿瘤、肾结核、肾结石等；肾萎缩时，其体积显著缩小，常提示为先天性肾发育不全、萎缩性肾盂肾炎及慢性间质性肾炎。

2. 膀胱检查异常

触诊膀胱区呈波动感，提示膀胱内尿液潴留；如随触压而被动流出尿液，则提示膀胱麻痹；动物对触诊呈敏感反应，可见于膀胱炎。

技能三 生殖系统检查

一、公畜外生殖器检查

(1)睾丸及阴囊检查　检查方法有视诊和触诊。检查时注意阴囊及睾丸的大小、形状、硬度、有无肿胀、发热和疼痛反应。阴囊一侧显著膨大,触诊时无热、柔软而呈现波动,似有肠管存在,有时经腹股沟管可以还纳,提示为阴囊疝;阴囊肿大,睾丸实质肿胀,触诊时发热,有压痛,睾丸在阴囊中的移动性很小,见于睾丸炎或睾丸周围炎。

(2)阴茎和包皮检查　阴茎脱垂,常见于支配阴茎肌肉的神经麻痹或中枢神经机能障碍、阴茎损伤;包皮的肿胀,见于龟头局部肿胀及肿瘤。

二、母畜外生殖器检查

(1)阴门检查　检查时如发现阴门红肿,为发情期或有阴道炎;如阴门流出腐败坏死组织块或脓性分泌物时,常为产后排恶露、产后子宫的感染、胎衣不下、阴道炎、子宫炎;阴门周围肿胀,见于肿瘤。马外阴部皮肤有圆形或椭圆形褪色斑疹块,应注意马媾疫;猪、牛的阴户肿胀应注意镰刀菌、赤霉菌中毒病。

(2)阴道检查　当发现阴门红肿或有异常分泌物流出,应借助开膣器,详细观察阴道黏膜的颜色、湿度、损伤、炎症、肿物、溃疡及阴道分泌物的变化,同时注意子宫颈的状态。

(3)乳房检查

①视诊　乳房在产后一周内水肿为正常生理现象,其他时间的乳房肿胀、皮肤发红则提示为乳腺炎;如出现瘢痕和水疱,则为口蹄疫;如出现菜花状增生物则为疣。

②触诊　注意乳房皮肤的温度、厚度、硬度、有无肿胀、疼痛、硬结以及乳房淋巴结的状态。

③乳汁的感观检查　如挤出的乳汁浓稠,内含絮状物或纤维蛋白性凝块或混有脓汁、血液,则见于乳腺炎。

复习思考题

1. 简述泌尿系统检查的内容和方法。
2. 简述排尿障碍的异常情况和临床意义。
3. 简述公母畜外生殖器、乳房检查方法和注意事项。

任务八　神经系统检查

神经系统主要包括大脑、小脑、脑干、脊髓和周围神经等。神经系统是机体各器官系统活动的主要协调机构,对所有的生理机能都发挥着调节作用。神经系统检查,不仅对神经系统本身疾病有诊断意义,而且对机体其他系统疾病如代谢病、外(内)源性中毒、血液病等具有十分重要的意义。神经系统检查主要包括意识障碍、运动障碍、感觉障碍、头颅及脊柱检查等。

学习目标

1. 了解神经系统意识障碍、运动障碍、感觉障碍的检查方法;

2. 掌握精神兴奋、精神沉郁、强迫运动、共济失调、痉挛、麻痹及浅感觉、深感觉、感觉器官和反射的定义与病理变化;

3. 熟悉意识、运动和感觉障碍几大主要病变的临床意义。

技能一 精神状态检查

动物精神状态的检查,除通过问诊外,还须注意观察和检查动物的面部表情、眼、耳、尾、四肢及皮肌的动作,身体姿势,运动节奏。健康动物姿态自然,动作敏捷而协调,反应灵活,病理状态下可出现精神兴奋和精神抑制。

一、精神兴奋

精神兴奋是中枢神经功能亢进的结果。临床上动物表现不安、易惊,对轻微刺激即产生强烈反应,甚至挣扎脱缰,不顾一切地前冲、后退,有时攀登饲槽或顶撞墙壁;暴眼凝视,不服从饲养人员管理,乃至攻击(咬、踢)人、畜,有时癫狂、抽搐、摔倒而骚动不安。据其程度不同,可将兴奋依次分为恐怖、异常敏感、不安、躁狂和狂乱。兴奋发作与外界影响无关,相反,在发作时可见病畜对外来刺激的感受性降低。兴奋发作时,常伴有心率增快、节律不齐,呼吸粗粝、快速等症状。

精神兴奋多提示为脑膜充血、炎症,颅内压升高,代谢障碍,以及各种中毒病(如微生物毒素,化学药品或植物中毒及自体中毒等),日射病或热射病,各型流行性脑膜炎,反刍动物酮病、急性铅中毒,猪食盐中毒,水牛猪屎豆中毒,狂犬病等。

二、精神抑制

精神抑制为中枢神经功能障碍的另一种表现形式,乃大脑皮层和皮层下网状结构占优势的表现,多因神经组织的代谢障碍所致。例如各种热性病、脑水肿、脑损伤、贫血、出血、压迫(如多头蚴病)、脑膜脑炎、马流行性脑脊髓膜炎、各种微生物感染性疾病及中毒性脑病,营养代谢性疾病(反刍动物酮病、低血糖、生产瘫痪等),肝脏和肾脏功能衰竭,或某些物质中毒如酒精、吗啡、一氧化碳、四氯化碳、有毒植物、催眠剂等。根据精神抑制的程度不同可分为以下几种。

(一)精神沉郁

精神沉郁为轻度的精神抑制现象。病畜对周围事物注意力减弱,反应迟钝,离群呆立,头低耳耷,眼半闭或全闭,行动无力。病牛常卧地,头颈弯向胸侧;病猪常卧于黑暗处;病鸡常翅膀下垂,垂头缩颈,闭目呆立或独自呆于僻静处,但对于外界刺激,例如有人接近或检查时,尚能做出有意识的反应。通常是由一定程度的缺氧或血糖降低以及脑组织受毒素作用所致,是最常见的症状。

(二)嗜睡

嗜睡为中度精神抑制现象。病畜重度萎靡，将鼻、唇抵在饲槽上或倚墙或躺卧而沉睡，只有给予强烈的刺激才能产生迟钝和暂时的反应，但很快又陷入沉睡状态。见于脑炎、颅内压增高等疾病。

(三)昏迷

昏迷为高度精神抑制现象。病畜的意识完全丧失，对外界刺激全无反应，表现卧地不起，呼唤不应，全身肌肉松弛，反射消失，甚至瞳孔散大，粪、尿失禁。非强刺激不能引起反应；仅保留自主神经系统活动，心搏和呼吸虽仍存在，但多变慢而节律不齐。重度昏迷常为预后不良的征兆。见于颅内病变如脑炎、脑肿瘤、脑创伤、代谢性脑病，以及由于感染、中毒引起的脑缺血、缺氧、低血糖等。

应该指出，中枢神经功能障碍时的兴奋和抑制这两种基本形式不仅随病程发展而有程度上的加重或减轻，而且在一定条件下，可随病程改变而互相转化。例如，脑炎初期，由于病原毒素刺激使脑部充血、发炎，脑细胞缺氧而呈兴奋狂躁，随着炎症发展，脑血管通透性增加，脑内血液循环障碍，导致脑组织水肿、缺氧、颅内压增高而进入昏迷状态。有时先抑制后兴奋，或二者交替出现。

(四)昏厥

临床上尚有一种昏厥现象，又称晕厥，其与昏迷不同，是突然发生的、短暂的意识丧失状态，乃因心脏输出量减少或血压突然下降引起急性脑贫血，而大脑一时性广泛性供血不足所致，常提示心力衰竭、心脏传导阻滞、主动脉瓣关闭不全或主动脉狭窄、贫血、大脑出血、脑震荡及挫伤、脑栓塞或血栓形成、电击和日射病等。此外，低血糖时也可产生晕厥现象。昏厥可伴发行动无力、倒地，其发作过程很快，历时数秒或数分钟即可完全恢复，而昏迷则持续时间长，往往预后不良。

技能二 运动功能检查

健康动物运动协调且有一定次序性。临床上动物出现各种形式的运动障碍，除因运动器官本身(如骨骼、关节，肌肉等)疾病或外周神经受损害所致外，也常因一定部位的脑组织损伤，以及运动中枢和传导路径的功能障碍所引起。检查运动功能，临床上除进行外科检查外，主要应注意共济失调、痉挛、瘫痪、强迫运动等。

一、共济失调

健康动物利用小脑、前庭、锥体束及锥体外系以调节肌肉的张力，协调肌肉的动作，从而维持姿势的平衡和运动的协调。视觉也有参与维持体位平衡和运动协调的作用。如动物各个肌肉收缩力正常，但在运动时肌群动作相互不协调，则导致动物体位和各种运动异常，称为共济失调。按病变性质分为以下几种。

(一)静止性失调

静止性失调表现为动物在站立状态下出现共济失调，而不能保持体位平衡。临床表现为头部摇晃，体躯左右摇摆或偏向一侧，四肢肌肉软弱、战栗，关节屈曲，向前、后、左、右摇摆，四肢分开而广踏，多数动物将四肢稍微聚拢，缩小支撑面积，否则容易跌倒。运步时，步态踉跄不稳，易倒向一侧或以腹部着地。常提示小脑、小脑脚、前庭神经或迷路受损害。

(二)运动性失调

站立时可能不明显，而在运动时出现的共济失调，称为运动性失调。临床表现为后躯踉跄，步态不稳，四肢高抬，着地用力。见于大脑皮层、小脑、前庭或脊髓等传导路径受损伤时，由于深部感觉障碍，使外部随意运动信息向中枢传导受阻而引起。按病变部位分为以下几类。

(1)脊髓性失调　主要见于脊髓背侧根损伤，使肌肉运动失去中枢的精确调节所致。其特征是运动时躯体左右摇摆，但头不歪斜，静止不失调。

(2)前庭性失调　主要见于迷路、前庭神经或前庭核损伤。其特征是病畜头向患侧歪斜，步态不稳，常伴有眼球震颤，遮眼时失调严重，不仅静止时失调，而且运动时也失调。常见于家禽，如 B 族维生素缺乏症、非典型性鸡新城疫等。

(3)小脑性失调　主要是因小脑损害引起，当一侧性小脑损伤时，患侧前后肢失调明显。其特征是运动时头向患侧歪斜，体躯摇晃，只有当整个身躯倚靠墙壁上，失调才消失，多发生于大家畜，不仅静止时失调，而且运动时也失调。这种失调，不伴有眼球震颤，不因遮眼而加重。

(4)大脑性失调　可见于大脑皮层的额叶或颞叶损伤。其特征是病畜虽能直线行进，但体躯向健侧偏斜，转弯时容易跌倒。

二、痉挛

痉挛是指肌肉的不随意收缩。大多因大脑皮层受刺激，脑干或基底神经受损伤所致，可分为阵发性痉挛、强直性痉挛和癫痫 3 种。

(一)阵发性痉挛

阵发性痉挛为最常见的一种痉挛，是个别肌肉或肌组织发生短而快的不随意收缩，呈间歇性。其特征为单个肌群发起，短暂、迅速，经常突然发作，并且迅速停止。如触电样一个跟着一个重复收缩。收缩间隔之间肌肉松弛。阵发性痉挛提示大脑、小脑、延髓或外周神经遭受侵害，见于病毒或细菌感染性脑炎、脑脊髓炎、膈肌痉挛、化学物质(如士的宁、有机磷、氯化钠)或植物中毒和低钙血症等。单个肌纤维束阵发性收缩，而不波及全身的痉挛，称为纤维性痉挛(战栗)；波及全身的强烈阵发性痉挛，则称为惊厥(抽搦)。

(二)强直性痉挛

强直性痉挛指肌肉长时间均等地持续性收缩，是由于大脑皮层功能受抑制，基底神经节受损伤，或脑干和脊髓的低级运动中枢受刺激而引起的。见于脑炎、脑脊髓炎、破伤风、有机磷农药及士的宁中毒等。强直性痉挛发生于一定的肌群，各种局限于一定肌群的强直性痉挛，统称为挛缩；但全身肌肉均发生者，称为强直。最典型而多见的强直性痉挛，见于破伤风。

(三)癫痫

癫痫指大脑皮层性的全身性阵发性痉挛，伴有意识丧失、大小便失禁，是大脑无器质变化而脑神经兴奋性增高，引起异常放电所致。常因脑部感染、脑肿瘤、大脑皮层额叶部病变、中毒、代谢性疾病引起，可见于脑炎、脑肿瘤、尿毒症、仔猪维生素 A 缺乏症、仔猪副伤寒、仔猪水肿病等。

三、瘫痪

动物骨骼肌的随意运动,是靠锥体系统和锥体外系的运动神经元(上运动神经元)及自脊髓腹角和脑神经运动核的运动神经元(下运动神经元)的协同作用而实现的。当上、下运动神经元的损伤使肌肉与脑之间的传导中断,或运动中枢障碍所导致骨骼肌随意运动减弱或丧失,称为瘫痪或麻痹。瘫痪的分类方法有多种。

(一)根据神经系统损伤的解剖部位分类

(1)中枢性瘫痪　是因脑、脊髓的上运动神经元病变所致,临床特征为腱反射增加,皮肤反射减弱和肌肉紧张性增强,肌肉萎缩不明显。提示脑、脊髓损伤,细菌性、病毒性或中毒性脑脊髓炎,大脑皮层运动区出血、寄生虫、脓肿、肿瘤等占位性病变而使脑部受压等。

(2)外周性瘫痪　是因脊髓腹角细胞、腹根及其分布到肌肉的外周神经或脑干的各脑神经核及其纤维病变所致。故其受损时,不仅肌肉瘫痪,肌紧张力降低(肌肉松弛、被动运动的阻力减小、活动幅度增大),而且所支配的肌腱和皮肤反射降低,甚至消失,并因失去营养而迅即发生萎缩,常见于面神经麻痹、坐骨神经麻痹、桡神经麻痹等。

(二)根据发生肢体部位分类

(1)单瘫　表现为某一肌群或一肢的麻痹,多因末梢神经损伤所致,如三叉神经或颜面神经受损害,可影响咀嚼、开口和采食。

(2)偏瘫　即一侧肢体麻痹,见于脑病,且常表现为病变部位的对侧肢体瘫痪。

(3)截瘫　躯体两侧对称部分发生麻痹。

四、强迫运动

强迫运动是指不受意识支配和外界因素影响,而出现的强制发生的一种不自主的运动。检查时应将病畜放开,任其自由活动,方能客观地观察其运动情况。常见的强迫运动有以下 4 种形式。

(一)回转运动

病畜按同一方向做圆圈运动,圆圈直径不变者称圆圈运动或马场运动;以一肢为中心其余三肢围绕此肢而在原地转圈者称时针运动。当一侧的向心兴奋传导中断,以至对侧运动反应占优势时,便引起回转运动。转圈的方向,随病变性质、部位、大小和病期不同,或朝向患病的同侧,或朝向患病的对侧。如牛、羊患多头蚴病、脑脓肿、脑肿瘤等占位性病变时,常以圆圈运动或时针运动为特征。出现回转运动的另一个原因是病畜头或躯体向一侧弯曲,以至无意识地随着头、颈部的弯曲方向而转动。如一侧前庭神经、迷路、小脑受损,一侧颈肌瘫痪或收缩过强,一侧额叶区受损,或纹状体、丘脑体、丘脑后部、苍白球或红核受损等。回转运动也可见于脑的泛发性疾病,如脑炎,李氏分枝杆菌病等,因脑内压升高所致。

(二)盲目运动

病畜做无目的的徘徊,又称强制彷徨。病畜表现不注意周围事物,对外界刺激缺乏反应,或不断前进,或头顶障碍物不动。因脑部炎症、大脑皮层额叶或小脑等局部病变或功能障碍所致,如狂犬病、伪狂犬病等。

(三)暴进、暴退

病畜将头高举或下沉,以常步或速步踉跄地向前狂进,甚至落入沟塘内而不躲避,称为暴进;病畜头颈后仰,颈肌痉挛而连续后退,后退时常颠踬,甚至倒地,则称为暴退。暴进见于纹状体或视丘损伤,或视神经中枢被侵害而视野缩小时。暴退见于摘除小脑、颈肌痉挛而后弓反张,如流行性脑脊髓膜炎。

(四)滚转运动

病畜向一侧冲挤、倾倒、强制卧于一侧,或以身体长轴一侧打滚,称为滚转运动。多伴有头部扭转和脊柱向打滚方向弯曲。常提示迷路、听神经、小脑脚周围病变,使一侧前庭神经受损,迷路紧张性消失,以至身体一侧肌肉松弛所致。临床上除马属动物正常情况下打滚不应误认为病态外,还应注意腹痛性疾病及共济失调导致的向一侧跌倒与滚转运动也有区别,除其机制不同外,腹痛性疾病临床上所表现的倒地或滚转,并非每次一致地向一侧滚倒,而共济失调时的倾跌,则并不以背、腹着地打滚。

技能三 感觉功能与感觉器官检查

动物的感觉器官包括眼、耳、鼻等,除视觉、嗅觉、听觉、味觉及平衡感觉外,还包括浅感觉、深感觉,它们都有各自的感受器和传入神经,产生各自的感觉。兽医临床上,将感觉功能分为浅感觉、深感觉和特殊感觉 3 类。故感觉神经元或感觉通路的任何部分发生障碍,均可出现各种类型的感觉障碍。反之,当感觉发生障碍时,说明感觉神经元或感觉通路的传导结构发生了某种损害。

一、感觉功能检查

(一)浅感觉

浅感觉是指皮肤和黏膜感觉,包括触觉、痛觉、温觉和电的感觉等,但兽医临床上温觉、电感觉等有一定局限性,故少用,主要检查其痛觉和触觉。由于家畜没有语言,其感觉如何只能根据运动形式加以推断。检查时要尽可能先使动物安静,最好由经常饲养、管理、使役或调教的人员在旁,并采用温柔的动作进行检查。为了避免视觉干扰,可先将动物的眼睛遮住,然后用针头以不同的力量针刺皮肤,观察动物的反应。一般先由感觉较差的臀部开始,再沿脊柱两侧向前,直至颈侧、头部。对于四肢,做环形针刺,较易发现不同神经区域的异常。健康动物针刺后,立即出现反应,表现相应部位肌肉收缩,被毛颤动或迅速回头、竖耳或踢咬动作。感觉障碍由于病变部位不同,有末梢性、脊髓性和脑性之分,从临床表现则分为下列 3 种。

1. *感觉过敏*

轻微刺激或触摸即可引起强烈反应。除起因于局部炎症外,一般由于感觉神经或其传导路径被损伤所致。多提示脊髓膜炎、脊髓背根损伤、视丘损伤,或末梢神经发炎、受压等。但脊髓实质、脑干或大脑皮层患病时均不引起感觉过敏。另外,也可见于牛的神经型酮血症,牛低磷血症的代谢障碍等。

2. *感觉减退及缺乏*

感觉能力降低或感觉程度减弱称感觉减退。严重者,在意识清醒的情况下感觉能力完全缺失，为感觉神经末梢、传导路径或感觉中枢障碍所致；局限性感觉减退或缺失，为支配该区域内的感觉神经末梢受侵害的结果。体躯两侧对称性感觉减退或缺失，多为脊髓横断性损伤，如挫伤、压迫及炎症等；半边肢体感觉减退或缺失，见于延脑或大脑皮层间的传导路径受损伤；全身性皮肤感觉减退或缺失，常见于各种不同疾病所引起的精神抑制和昏迷，表现为对蚊蝇、蛇虫叮咬、针刺，不抖动皮肌或不以尾驱逐，甚至毫无反应。

3. 感觉异常

感觉异常是指不受外界刺激影响而自发产生的感觉，如痒感、蚁行感、烧灼感等，但动物只能表现为对感觉异常部的舌舔、啃咬、摩擦、抓搔，甚至咬破皮肤而露出肌肉、骨骼仍不停止。可由于感觉异常及感觉神经传导路径存在强刺激而发生，见于羊的痒病、狂犬病、伪狂犬病、脊髓炎、多发性神经炎、马尾神经炎、反刍兽酮病、皮毛兽自咬症、李氏分枝杆菌病等。但皮肤病或许多寄生虫病、真菌病等也可发生皮肤痒感，应与神经系统疾病相区别。

（二）深感觉

深感觉是指位于皮下深处的肌肉、关节、骨、腱和韧带等，将关于肢体的位置、状态和运动等情况的冲动传到大脑，产生深部感觉，即所谓本体感觉，借以调节身体在空间的位置、方向等。因此，临床上根据动物肢体在空间的位置改变情况，可以检查其本体感觉有无障碍或疼痛反应等。深感觉障碍多同时伴有意识障碍，提示大脑或脊髓被侵害，如慢性脑室积水、脑炎、脊髓损伤、严重肝脏疾病和中毒等。

（三）特殊感觉

特殊感觉是由特殊的感觉器官所感受的刺激，如视觉、听觉、嗅觉、味觉等。某些神经系统疾病，可使感觉器官与中枢神经系统之间的正常联系被破坏，导致相应感觉功能障碍。

1. 视觉

动物视力减弱甚至完全消失，即所谓的目盲，除因为某些眼病所致外，也可因视神经异常所引起，见于山道年、野萱草根等中毒。动物视觉增强，表现为畏光，除发生于结膜炎、角膜炎等眼科疾病外，还见于颅内压升高、脑炎、日射病、热射病、牛恶性卡他热等。视觉异常的动物，有时出现“捕蝇样动作”，如狂犬病、脑炎、眼炎初期等。

2. 听觉

听觉迟钝或完全缺失，除耳病所致外，也见于延脑或大脑皮层颞叶受损伤时。某些品种特别是白毛的犬和猫有时为遗传性，是由其螺旋器发育缺陷所致，也有人认为是一氧化碳中毒的后遗症。听觉过敏可见于脑和脑膜疾病，反刍动物酮病有时也可见。

3. 嗅觉

动物中以犬、猫的嗅觉最灵敏，临床检查上也最重要，尤其是警犬和猎犬常因嗅觉障碍失去其经济价值。嗅神经、嗅球、嗅纹和大脑皮层是构成嗅觉装置的神经部分。当这些神经发生疾病或鼻黏膜疾病时则引起嗅觉迟钝或者消失，如马传染性脊髓炎、犬瘟热、猫传染性胃肠炎等。

二、感觉器官检查

感觉器官检查主要包括视觉器官、听觉器官、嗅觉器官检查等内容。

(一)视觉器官

视觉器官的一般检查应观察眼睑、眼球、角膜、瞳孔的状态;神经系统应着重检查视觉能力及瞳孔对光反应。

1. 视力检查

检查视力时,可牵引病畜前进,使其通过障碍物,还可用手在动物眼前晃动,或做欲行打击的动作,观察其是否躲闪或有无闭眼反应。然后,用手遮盖动物的眼睛,并立即放开以观察光线射入后瞳孔的缩小反应;也可在较暗的条件下,突然用手电筒从侧方照射动物的眼睛,同时观察瞳孔的缩动变化。

2. 眼睑检查

上眼睑下垂,多由眼睑举肌麻痹所致,见于面神经麻痹、脑炎、脑肿瘤及某些中毒病;眼睑肿胀,见于流行性感冒、牛恶性卡他热、猪瘟;眼睑水肿,常是仔猪水肿病的特征;眼球下陷,见于严重失水、眼球萎缩,但慢性消耗性疾病及老龄消瘦动物的眼球下陷,是眼眶内脂肪减少的结果。眼球呈有节律性的搐搦,两眼短速来回转动,称为眼球震颤,见于急性脑炎、癫痫等。角膜浑浊,见于马流感、牛恶性卡他热及泰勒虫症;也可见于创伤或维生素 A 缺乏症及马的周期性眼炎和其他眼病。

3. 瞳孔检查

瞳孔的变化除见于眼本身疾病外,还可反映全身疾病,其中尤以对中枢神经系统病变的判断有重要价值。故在检查时应列为常规内容。瞳孔散大,主要见于脑膜炎、脑肿瘤或脓肿、多头蚴病、阿托品中毒。若两侧中一瞳孔呈迟发性散大,对光反应消失,眼球固定前视,表示脑干功能严重障碍,病畜已进入垂危期。

当病畜高度兴奋和患剧痛性疾病时,也可出现瞳孔散大,但仍保持有对光反应。瞳孔缩小,若伴发对光反应迟缓或消失,提示颅内压升高或交感神经、传导神经受损害,见于慢性脑室积水、脑膜炎、有机磷中毒及多头蚴病等;若瞳孔缩小、眼睑下垂、眼球凹陷,三者同时出现,是交感神经及其中枢受损的指征。视力下降时,病畜视物不清,甚至失明,可见于犊牛、猪的维生素 A 缺乏症、猪的食盐中毒、马的周期性眼炎,以及其他重度眼病的后期。

(二)听觉器官

听觉器官的检查应观察耳廓大小、位置是否对称,有无畸形、瘘管、红肿、压痛,耳周淋巴结有无肿大,然后牵拉耳廓,并压耳屏有无疼痛。乳突部有无肿胀、瘢痕,鼓窦区、乳突尖和乳突导血管等处有无压痛。听觉器官的神经检查一般在安静的环境下进行,利用人的呼唤声或给予其他声响(如鼓掌)的刺激,以观察动物的反应。

听觉增强(听觉过敏)时,病畜对轻微声音即将耳部转向发音的方向或一耳向前、一耳向后,来回迅速转动,同时惊恐不安、肌肉痉挛等,可见于破伤风、马传染性脑脊髓炎、酮病、狂犬病等。听觉减弱时,病畜对较强的声音刺激,无任何反应,主要提示脑中枢疾病,临床可见于延脑和大脑皮质颞叶受损等。

(三)嗅觉器官

鼻的一般检查包括鼻孔及周围组织检查、鼻黏膜检查、呼出气及鼻液的检查等。鼻孔及周围组织可发生各种病理变化，如鼻翼肿胀、水疱、脓肿、溃疡和结节等，这些变化可起于皮肤或口腔疾病，也可因鼻黏膜疾病而继发。鼻孔周围组织肿胀，可见于血斑病、纤维素性鼻炎、异物刺伤等；许多传染病（如口蹄疫、羊痘、炭疽和气肿疽等）常表现为鼻孔周围组织局限性或弥散性肿胀。

检查时，要适当保定病畜，将头略微抬高，使鼻孔对着阳光或人工光源。用手指或开鼻器适当扩张鼻孔，使鼻黏膜充分显露，即可观察。检查鼻黏膜时，应注意其颜色、有无肿胀、水疱、溃疡、结节和损伤等。如疑为鼻疽病时，检查者宜戴口罩、眼镜、手套等进行防护。在病理情况下，鼻黏膜的颜色有潮红、发绀、苍白、发黄等变化。潮红可见于鼻卡他、流行性感冒、鼻疽、发热及各种全身性疾病。出血斑点见于败血病、马传染性贫血和某些中毒。其他颜色变化的临床意义与其他可视黏膜相同。

呼出气的检查应注意两侧鼻孔的气流速度是否相等、呼出气的温度是否有变化、呼出气的气味是否异常。鼻液的检查应观察鼻液的数量、颜色、性状等，具体详见呼吸系统临床检查。

嗅觉器官的神经检查可将动物眼睛遮盖，用有芳香味的物质或优质饲草、饲料，置于动物鼻前，给动物闻嗅，以观察其反应。对警犬可先令其闻某人用过的物品（如手帕或鞋袜），然后令其寻找物品的主人等。健康动物闻到饲料的芳香味，往往唾液分泌增加，出现咀嚼动作，向饲料处寻食。嗅觉障得时，则嗅觉迟钝或丧失，多由鼻黏膜炎症所致，但应注意结合其他症状，并与食欲废绝相区别。

技能四 反射功能检查

一、反射种类及检查方法

兽医临床上所检查的神经反射可分为浅反射、深反射、器官反射等，不同反射的检查，其诊断意义也不同，反射检查结果一般对神经系统受损部位的确定有诊断价值。器官反射如呼吸、咳嗽、心搏动、吞咽、呕吐、排粪、排尿等反射已分别在有关章节中叙述。

（一）浅反射

（1）鬐甲反射　轻触鬐甲部被毛或皮肤，则皮肤收缩抖动。

（2）腹壁反射　轻触腹壁，腹肌收缩。

（3）肛门反射　轻触肛门皮肤，肛门外括约肌收缩。

（4）蹄冠反射　用针轻触蹄冠，动物立即提肢或回缩。

（5）尾部反射　轻触尾根部腹侧皮肤时，则尾根收动。

（6）提睾反射　刺激股内侧皮肤时，可见同侧睾丸上提。

（7）会阴反射　刺激会阴部尾根下方皮肤时，引起向会阴部缩尾的动作。

（8）喷嚏反射　刺激鼻黏膜则引起喷嚏。

（9）角膜反射　用羽毛或纸片轻触角膜，则立即闭眼。

（二）深反射

（1）膝跳反射　动物横卧，使上侧后肢肌肉保持松弛状态，当叩击髌骨韧带时，由于股四头肌收缩，而后腿伸展。

(2)跟腱反射　动物横卧，叩击跟腱，则引起跗关节伸展与球关节屈曲。

二、反射功能的病理变化

(一)反射减弱或消失

反射减弱或消失是反射弧的传导路径受损所致。当临床检查发现某种反射减弱、消失，常提示其有关传入神经、传出神经、脊髓背根(感觉根)、腹根(运动根)或脑、脊髓灰质的病变，或脑、脊髓的白质受损伤、中枢神经兴奋性降低，如脑室积水、多头蚴病、麻醉、虚脱等。

(二)反射增强或亢进

反射增强或亢进是反射弧或中枢兴奋性增高或刺激过强所致，或因大脑对低级反射弧的抑制作用减弱、消失所致。因此，临床检查发现某种反射亢进，常提示有关脊髓节段背根、腹根或外周神经过敏、炎症、受压及脊髓膜炎等。破伤风、士的宁中毒、有机磷中毒、狂犬病等也常见全身反射亢进。

技能五　脑部及脊柱检查

由于脑和脊髓位于颅腔及脊柱管内，不可能进行直接检查，故只能利用头颅和脊柱检查以推断脑、脊髓可能发生的变化。临床上多用视诊、触诊、叩诊方法检查头颅和脊柱。

一、脑部检查

脑部检查应注意其形态和大小的改变、温度、硬度，以及叩诊有无浊音等。头颅部叩诊，在小动物可用指端或弯曲的中指背部叩击，在大动物可用叩诊锤的背部直接叩击。叩诊力量大小，依动物种类及头盖骨厚薄不同而不同。

头颅叩诊浊音或半浊音，见于脑肿瘤、多头蚴病和骨软症等。当骨质变薄时(例如骨软症)，抵抗明显降低。局部隆突，可见于局部外伤、脑肿瘤、脑包虫及鼻旁窦积脓；头颅异常增大，多见于先天性脑室积水、骨软症和佝偻病；骨变形，多因骨质疏松、软化、肥厚所致，常提示某些骨质代谢疾病，如骨软症、佝偻病、纤维性骨营养不良等；局部增温，除局部外伤、炎症所致外，常提示热射病、脑充血、脑膜和脑的炎症，如猪乙脑、马传染性脑脊髓炎、牛结核性脑膜炎、恶性卡他热等；头颅部压痛，见于外伤、炎症、肿瘤及多头蚴病；头盖部变软，提示多为多头蚴病或颅腔肿瘤，但也见于鼻旁窦炎或鼻旁窦积脓。

二、脊柱检查

脊柱变形是临床上较为重要的症状。脊柱变形主要有脊柱上弯、下弯和侧弯，由支配脊柱的上、下肌肉或左、右肌肉不协调引起，常见于脑膜炎、脊髓炎、破伤风，以及骨软症等骨质代谢障碍疾病或骨质剧烈疼痛性疾病。

脊柱下弯，主要见于骨软症，是由于骨质疏松变软的结果；脊柱侧弯，常见于脊髓炎、脊髓脱臼；颈部脊柱下弯、侧弯，甚至造成身体翻转，见于鸡B族维生素缺乏症和新城疫；颈部脊柱向后弯曲（角弓反张），见于脊髓疾病和某些中毒病；脊柱局部肿胀、疼痛，常为外伤的结果，如骨折；脊柱僵硬，为椎间骨质增生或硬化所致，见于破伤风、番木鳖碱中毒、腰肌风湿症、肾炎、肾虫病等。

技能六 自主神经功能检查

自主神经系统分为副交感神经和交感神经两种，凡具有平滑肌的各个器官、心脏和腺体都同时分布有副交感神经和交感神经，二者具有相反的作用，但它们的功能并不是对抗的而是协调的，在大脑皮质的调节下，二者之间维持平衡。

在病理状态下，交感神经和副交感神经的平衡被破坏，则产生各种状态。自主神经功能障碍的症状表现分为以下 3 种情况。

（一）交感神经紧张性亢进

交感神经异常兴奋，可表现心搏动亢进、外周血管收缩、血压升高、口腔干燥、肠蠕动减弱、瞳孔散大、出汗增加（马、牛）和高血糖等症状。

（二）副交感神经紧张性亢进

副交感神经紧张性亢进可呈现与前者相拮抗的症状，即心动徐缓、外周血管紧张性降低、血压下降、腺体分泌功能亢进、口内过湿、胃肠蠕动增强、瞳孔缩小、低血糖等。

（三）交感、副交感神经紧张性均亢进

交感神经和副交感神经两者同时紧张性亢进时，动物出现恐怖感、精神抑制、眩晕、心搏动亢进、呼吸加快或呼吸困难、排粪和排尿障碍、子宫痉挛、发情减退等现象。当自主神经系统疾病时，发生运动和感觉障碍，主要表现为呼吸、心跳的节律异常，以及血管运动神经调节异常，吞咽、呕吐、消化液、肠蠕动、排泄以及视力调节异常等。

复习思考题

1. 精神状态有哪些病理性表现？有何临床意义？
2. 运动功能障碍有哪些具体表现？有何临床意义？
3. 如何鉴别中枢性瘫痪和外周性瘫痪？

学习情境二
实验室检查技术

实验室检查是指采取患病动物的血液、尿液、粪便或其他体液及病理性产物等，在实验室条件下，利用一定的物理学、化学和生物学等实验室技术和方法，观察其物理性状，分析其化学成分，或借助显微镜观察其形态的方法。临床检验的结果是为临床疾病的诊断、预后及防治提供全面的和可靠的实验室分析数据，同时也为疾病的预测、预报和预防等服务。

学习目标

1. 掌握实验室检查各种病料采取、保存与送检方法；
2. 掌握血液常规检验、尿液检验、粪便检验方法；
3. 掌握血液生化检验、肝功能检查基本方法。

任务一　血液检查技术

在动物疾病临床诊断中血液检查是疾病诊断过程中重要的辅助手段之一，对大部分系统、器官疾病，尤其是与造血功能相关器官疾病的判断具有决定性意义。同时也有助于对动物传染病、内科病、外科病、产科病等疾病的诊断。

学习目标

1. 掌握血液样品的采集与抗凝操作；
2. 掌握红细胞沉降率、红细胞比容及血红蛋白含量测定方法；
3. 掌握红细胞计数、白细胞计数和白细胞分类计数方法；
4. 掌握出血和凝血时间测定方法，及结果判定与分析；
5. 了解血液自动分析仪的使用方法。

技能一 采血技术

【技能目标】

掌握毛细血管采血法、静脉采血法和心脏采血法以及血液抗凝的各种方法。

【材料与设备】

(1)动物及器材　动物(牛、马、羊、猪、鸡等),采血器或灭菌针头,酒精棉球,干棉球,试管,剪毛剪,离心机,保定用具等。

(2)试剂　3.8%枸橼酸钠溶液;双草酸盐(草酸铵、草酸钾)合剂等。

【内容与方法】

一、血液的采集

采血的方法根据检验项目、所需血量和动物种类的不同,可分为毛细血管采血法、静脉采血法和心脏采血法。

1. 毛细血管采血法

常用的检验项目中除血沉和红细胞比容测定外,其他各个项目测定用血量较少,均可在耳尖、耳缘及耳静脉处按毛细血管采血法采血。采血前先剪毛、酒精消毒,待酒精挥发后,用针头快速刺入消毒部位,让血液自然流出。流出的第一滴血制作血液涂片,第二滴血做红、白细胞计数和血红蛋白测定。操作时在取第二滴血前必须把第一滴残血用干棉球擦干净,让第二滴血自然流出。对犬、猫等小动物术部在消毒后涂布一层凡士林,然后刺入。这样流出的血液易成滴状,便于吸取。

2. 静脉采血法

(1)牛、羊、马的颈静脉采血　常在颈静脉中1/3与下1/3交界处剪毛、消毒,紧压颈静脉近心端,待血管怒张(助手尽量将动物头部向穿刺的对侧牵拉,使颈静脉充分显露出来),用采血器或注射针头对准血管刺入,即可获得血液样品。

(2)奶牛的尾中静脉采血　助手(或术者)尽量将牛尾上举,术者将牛尾根腹侧消毒,用采血器在第2～3尾椎间垂直刺入,轻轻抽动采血器内芯,直到抽出一定量的血液为止。此外,奶牛可在腹壁皮下静脉(乳前静脉)采血,注意针头不能太粗,以免造成血肿。

(3)猪耳静脉采血　成年猪可从耳静脉采血,由助手将耳根捏紧,稍等片刻静脉即可显露出来。局部常规消毒后,术者用采血器或较细的针头刺入耳静脉即可抽出血液。

(4)猪前腔静脉穿刺法采血　仔猪和中等大小的猪,仰卧保定,将两前肢向后拉直或使两前肢与体中线垂直,注意将头部拉直。肥育猪可站立保定,用绳环套在上颌,拴于柱栏即可。在注射器内先吸入适量的抗凝剂,右手持针管,使针头斜向对侧或向后内方与地面呈60°角,刺入右侧(也可在左侧)胸前窝(即由胸骨柄、胸头肌和胸骨舌骨肌的起始部构成的陷窝)2～3 cm即可抽出血液,术前、术后均按常规消毒。

(5)犬、猫的采血　常在后肢外侧小隐静脉和前肢皮下静脉采血。后肢外侧小隐静脉在后肢胫部下 1/3 的外侧浅表皮下，由前侧方向后行走。抽血前将犬、猫保定，局部皮肤消毒。采血者左手拇指握紧血管区近心端或用乳胶管适度扎紧，使静脉充盈，右手用采血器(6 号或 7 号针头的注射器)迅速穿刺入静脉，左手放松将针头固定，以适当速度抽血。采集前肢皮下静脉血的操作方法与后肢外侧小隐静脉的操作基本相同。

如果需要采集颈静脉血，取侧卧位，局部剪毛消毒。将颈部拉直，头尽量后仰。用左手拇指压住近心端颈静脉入胸部位的皮肤，使颈静脉怒张，右手持接有采血器或带针头的注射器，针头沿血管平行方向远心端刺入血管，取血后注意压迫止血。

(6)鸡翅内静脉采血　助手将鸡侧卧保定，局部消毒，用采血器刺入静脉，轻轻抽动采血器的内芯，让血液缓慢流出，以防引起静脉塌陷和出现气泡，采血完毕，用干棉球轻压局部片刻。

3. 心脏采血法

心脏采血法多用于鸡及实验动物需多量血液时。兔和鸡可在左侧胸部第 1、第 2 肋间，摸到心搏动明显处，针头与胸壁呈垂直方向缓慢刺入，刺入心脏后由于心脏压力较静脉高，血液可自行流入注射器。

二、血液标本制备

1. 鲜血

刚从动物体采集的没有凝固的血样，未受到任何干扰，成分不发生改变。适用于血液常规检查(红细胞计数、白细胞计数、白细胞分类计数、血小板计数、凝血时间测定等)。

2. 抗凝血

采集全血或血浆样品时，采血前应先在采样管中加入抗凝剂，制备抗凝管。如用采血器或注射器采血时，应在采血前先用抗凝剂湿润，采血完毕及时将血样振荡，从而保持液体状态的血样。

3. 血浆制备

在鲜血中加入一定比例的抗凝剂，将血液加到一定量后颠倒混匀，3 000 r/min 离心 5～10 min，将上清移至另一清洁容器，吸出血浆时用毛细吸管贴着液面逐渐往下吸，不能吸起细胞成分。抗凝血离心沉淀后的液体成分，适用于微生物学检验、治疗。

4. 血清制备

采血后将试管斜置于 25～37 ℃水浴箱(或温水杯)中，促进血清析出；或盛于离心管(或可以离心的器皿)中，静置或置 37 ℃环境中促其凝固，待血液凝固后，将其平衡后离心(一般为 3 000 r/min，离心 5～10 min)，得到的上清液即为血清，可小心将上清液吸出(注意切勿吸出细胞成分)，分装备用。

5. 血液抗凝法

供检血液最好采取后随即进行检验。血液的各项检验凡需用全血或血浆者，均需用适当的抗凝剂，使血液不发生凝固。使用抗凝剂时，应根据其生化特性和抗凝能力，恰当选择。抗凝剂与血液的比例要适当，不能过多，也不能过少。常用抗凝剂的配方、用量及选用注意事项见表 2-1。

表 2-1 常用抗凝剂的配方、用量及选用注意事项

抗凝剂	配方	每毫升血样用量	选用注意事项
双草酸盐溶液	草酸铵 1.2 g、草酸钾 0.8 g，加蒸馏水到 100 mL	0.10 mL	不能用于血小板计数和非蛋白氮、尿素、血氨等含氮物质的检测
柠檬酸钠	柠檬酸三钠 3.8 g，加蒸馏水到 100 mL	0.15 mL	用于血沉测定和凝结试验
ACD 溶液	柠檬酸三钠 2.2 g、柠檬酸 0.80 g、己糖 2.45 g，加蒸馏水到 100 mL	0.15 mL	用于血小板计数、血库的血液保存和同位素研究
EDTA	EDTA 钠(钾)盐 15 g，加蒸馏水到 100 mL	0.10 mL	用于保持血细胞形态和特征，适用于血液有形成分的检查，EDTA 盐可在 100 ℃下干燥，抗凝作用不变
肝素	肝素钠 0.5g，加蒸馏水到 100 mL	0.1～0.2 mL(用溶液湿润注射器壁即可)	适用于血液离子测定，常用于血液 pH 及血液气体分压测定和红细胞脆性试验，不适用于血象检查，抗凝时间只有 10～12 h
氟化钠		2.5 mg	抑制血糖分解，用作血糖测定的保存剂

技能二 红细胞沉降率测定

【技能目标】

掌握魏氏法测定红细胞沉降率的操作方法。

【材料与设备】

(1)器材 魏氏血沉管(管长 30 cm、内径 2.5 mm、管壁有 200 个刻度、刻度间距离为 1 mm、自上而下标有 0～200 刻度、容量为 1 mL)，魏氏血沉架，脱脂棉，小试管，采血器械，洗耳球及计时器等。

(2)试剂 3.8%枸橼酸钠溶液。

(3)采集的血液。

【内容与方法】

一、测定方法

(1)向试管中加入 3.8%枸橼酸钠溶液 1 mL，再加入静脉血液 4 mL，轻轻混匀，备用。

(2)用血沉管吸取上述抗凝待检血液至刻度“0”处，并用干棉球拭去管外壁血液，垂直固定

于血沉架上，在室温条件下静置，分别经 15 min、30 min、45 min 及 60 min 各观察一次红细胞下降(上层出现血浆)的距离(mm)，分别记录，即为血沉值。记录时常用分数形式表示，分母代表时间，分子代表沉降数值。

二、注意事项

(1)测量所用的血沉管必须清洁、干燥，以免溶血。

(2)血沉管必须垂直静立，否则会使血沉加快(有意倾斜不在此例)。

(3)环境温度的高低会影响红细胞沉降率，温度越高血沉越快，反之则减慢，故血沉测定的室温以 20 ℃左右为宜。血沉管和血沉架要避免阳光直射及靠近火炉等热源。

(4)抗凝剂应选用 3.8%枸橼酸钠溶液且与采血量按 1:4的比例添加。抗凝剂少则使血液产生血凝块；多则使血液中盐分较大，影响血沉值。

(5)血液柱面内不应有气泡和空气柱，否则会使血沉减慢。

(6)此测定应在采血后 3 h 内完成，放置时间延长，可使血沉减慢。

(7)冷藏的血液应先将血液温度回升至室温后再行测定。

(8)所用测定血沉方法不同，结果也有差异，因此，报告结果时应注明所用方法。

(9)黄牛及羊的血沉极为缓慢，为加速其血沉，可将血沉管倾斜 60°，使原来的血沉值加快 10 倍左右，但记录结果时必须标明。

三、正常参考值

健康动物血沉正常参考值见表 2-2。

表 2-2 健康动物血沉正常参考值 mm

动物种类	血沉值				测定方法
	15 min	30 min	45 min	60 min	
黄牛	0	2	5	9	魏氏法倾斜 60°
水牛	9.8	30.8	65	91.6	魏氏法
奶牛	0.3	0.7	0.8	1.2	魏氏法
绵羊	0	0.2	0.4	0.7	魏氏法倾斜 60°
山羊	0	0.5	1.6	4.2	魏氏法倾斜 60°
猪	0.6	1.3	1.9	3.4	魏氏法
犬	0.2	0.9	1.2	4.0	魏氏法
猫	—	—	1.1	4.0	魏氏法
鸡	0.2	0.3	0.6	0.8	魏氏法
马	29.7	70.7	95.3	115.6	魏氏法

技能三 红细胞比容测定

【技能目标】

掌握用温氏法测定红细胞比容的方法。

【材料与设备】

(1)采集的血液(抗凝血)。

(2)温氏(Wintrobe)管(管长 11 cm、内径约 2.5 mm、管壁有 100 个刻度。一侧自上而下标有 0～10,供测定血沉用,另一侧标有 10～0,供测定比容用。如无这种特制的测定管,可用有 100 刻度的小玻璃管代替),长针头及胶皮乳头(选用长 12～15 cm 的针头,将针尖磨平,针柄部接以胶皮乳头。也可用细长毛细吸管代替),水平电动离心机(最大转速 4 000 r/min)。

【内容与方法】

一、测定方法

(1)用长针头吸满抗凝血,插入温氏管底部,轻捏胶皮乳头,自下而上挤入血液至刻度 10 处。

(2)置离心机中,以 3 000 r/min 的速度离心 30～45 min(马的血液离心 30 min,牛、羊的血液离心 45 min),取出观察,记录红细胞层高度。再离心 45 min,如与第一次离心的高度一致,此时红细胞柱层所占的刻度数,即为 HCT 值,用%表示。如无离心机,可静置 24 h 后,读取其数值。

二、正常参考值

表 2-3 中所示为用温氏法测定的各种动物的 HCT 值。

表 2-3 各种动物的红细胞比容值 %

动物种类	平均值±标准差	动物种类	平均值±标准差
黄牛	36.0±4.6	哺乳仔猪	40.7±5.2
水牛	31.1±3.7	犬	45.5(37.0～55.0)
奶牛	37.0±2.8	猫	37.0(24.0～45.0)
奶山羊	35.5±1.4	鸡	24.0～45.0
绵羊	35.0±3.0	兔	31.0～50.0
马	35.4±3.6		

技能四 血红蛋白含量测定

【技能目标】

掌握沙利氏血红蛋白计的使用方法。

【材料与设备】

(1)器材　沙利氏血红蛋白计一套(在测定管上有两种刻度,一侧表示血红蛋白在每100 mL血液内的克数,另一侧表示百分数。国产的血红蛋白计是以每100 mL血液含14.5 g血红蛋白为100%而设置的),小玻璃棒,滴管,脱脂棉等。

(2)试剂　0.1 mol/L盐酸(也可用1%的盐酸代替),蒸馏水,乙醇,乙醚。

(3)采集的血液。

【内容与方法】

一、测定方法

(1)于测定管内加入0.1mol/L盐酸至“2”或百分刻度“20”处。

(2)用沙利氏吸管吸取被检血液至“20 μL”刻度处,并用棉球拭去管外壁血液,迅速将管内血液缓缓吹入测定管内的盐酸底部;再吸取上清液,反复吹吸数次,以洗出沙利氏吸管内黏附的血液。

(3)混匀,将测定管插入比色架内,静置10 min。

(4)沿管壁加入蒸馏水或0.1mol/L盐酸,边加边摇匀,逐步稀释直到与标准比色柱的色调一致为止,读取测定管内液柱凹面的刻度值,即为100 mL血液中血红蛋白的质量(g)或百分数。

二、正常参考值

动物血红蛋白含量正常参考值见表2-4。

表2-4　各种动物血红蛋白正常参考值(沙利氏法)　g/100 mL

动物种类	血红蛋白	动物种类	血红蛋白
黄牛	9.55±1.00	犬	14.90(12.00～18.00)
水牛	12.30±1.66	猫	12.00(8.00～15.00)
奶牛	8.37±0.70	马	12.77±2.05
绵羊	7.20±1.27	骡	12.74±2.18
奶山羊	8.33±0.75	驴	10.99±3.02
猪	11.16±1.42	骆驼	11.80±1.03

技能五 红细胞计数

【技能目标】

掌握红细胞显微镜计数的方法，了解各种健康动物红细胞数。

【材料与设备】

（1）器材　血细胞计数板，血盖片，血红蛋白吸管，5 mL 吸管，小试管，计数器，显微镜，擦镜纸，脱脂棉等。

（2）试剂　红细胞稀释液[0.9%氯化钠溶液或赫姆氏液（氯化钠 1 g，氯化汞 0.5 g，结晶硫酸钠 5 g，加蒸馏水溶解并定容至 200 mL，过滤，再加苯酚品红溶液 2 滴，以便与白细胞稀释液区别）]，蒸馏水，乙醇，乙醚等。

需特别指出的是，红细胞计数所用稀释液并没有破坏白细胞，也并不影响红细胞计数，因为一般情况下，白细胞数仅为红细胞数的 0.1%。

（3）采集的血液。

【内容与方法】

一、计数方法

（1）稀释血液　取清洁、干燥小试管一支，加红细胞稀释液 4.0 mL（准确地说应该是吸 3.99 mL 或 3.98 mL），而后用沙利氏吸管吸取待检血液至 10 刻度（10μL）或 20 刻度（20 μL）处，用棉球拭去管壁外血液，将沙利氏吸管插入小试管内稀释液底部，挤出血液，并吸上清液洗 2～3 次，将血液与稀释液充分混匀。此时血液被稀释 400 倍或 200 倍。

（2）寻找计数区域　将显微镜平放在操作台上，首先用低倍镜对好光，由于计数板的透光性较好，故对好光圈后将光圈尽量关小（称为暗视野）；然后取清洁、干燥的计数板和血盖片，将血盖片紧密覆盖于计数板上，并将计数板平置于显微镜载物台上，用低倍镜对准其中的某一个计数室在暗视野下找到红细胞计数区。

（3）充液　先用低倍镜找到红细胞计数区后，首先应检查计数区是否干净，如不干净可用软绸布擦拭计数板和血盖片的表面至洁净为止；然后用吸管吸取（或用小玻璃棒蘸取）已摇匀的稀释血液，使吸管（或玻璃棒）尖端接触血盖片边缘和计数室交界处，稀释血液即可自然流入并充满计数室。

（4）计数　计数室充液后，应静置 1～2 min，待红细胞分布均匀并下沉后开始计数。计数红细胞使用高倍镜。计数的方格为红细胞计数室中四角的 4 个及中央 1 个方格共 5 个中方格，或计对角线的 5 个中方格内的红细胞数（即 80 个小方格）。为避免重复和遗漏，计数时应按照一定的顺序进行，均应“从左至右，再从右至左”，计数完 16 个小方格的红细胞数（如图 2-1）。在计数每个小方格内红细胞时，对压线的细胞计数时应遵循“数左不数右，数上不数下”的法则。红细胞在高倍镜下呈圆形或蝶形，中央透亮，微黄或浅金黄色。

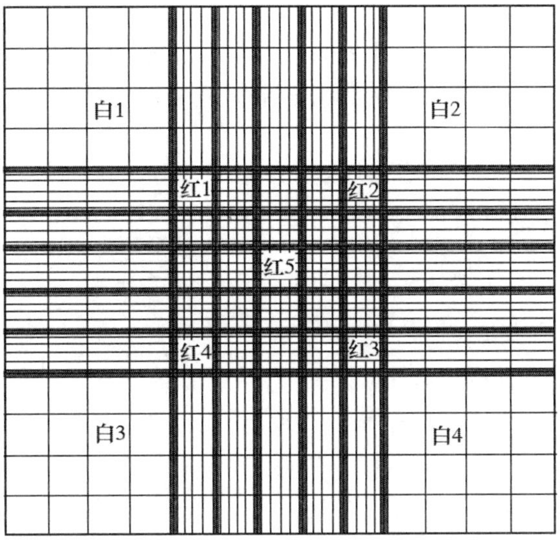

图 2-1 计数室的刻划线区

二、计算

红细胞数(个/mm^3)=R×5×10×血液稀释倍数(400 或 200)

红细胞数(个/L)=R×5×10×血液稀释倍数(400 或 200)×10^6

式中:R 为计数 5 个中方格(80 个小方格)内红细胞数(也即计数的总值);

5 为所计数 5 个中方格面积,为 1/5 mm^2,要换算为 1 mm^2 时,应乘以 5;

10 为计数室深度,为 0.1 mm,要换算 1 mm 时,应乘以 10;

10^6 为 1L=1×10^6 mm^3。

三、注意事项

(1)所用的器材应清洁、干燥,符合标准。

(2)操作台及其显微镜应保持水平,否则计数室内的液体会流向一侧而使计数结果不准确。

(3)吸取血液和稀释液要准确。如是抗凝血样,吸取血液之前一定要摇匀;吸管外壁血迹要擦拭干净。

(4)由于动物的红细胞数量较多,血样一般做 400 倍稀释,便于高倍镜下计数。

(5)充液前应将稀释液混匀,充液要无气泡,充液后不要再振动计数板,静置 1~2 min 方可计数。

(6)计数时应严格按照顺序和压线原则进行,并且至少要计 5 个中方格内的红细胞数,任意两个中方格之间的误差不应超过 20 个红细胞。

(7)试验完毕,计数板先用蒸馏水冲洗干净,再用绸布轻轻擦干,切不可用粗布擦拭,也不能用乙醚、酒精等有机溶剂冲洗。

(8)血红蛋白吸管每次用完后,先在清水中吸吹数次,然后分别在蒸馏水、酒精、乙醚中按顺序吸吹数次,干后备用。

红细胞计数是一项细致工作，一定要按照实验步骤要求仔细进行，同时还可以使用一些技巧，提高结果的准确性和实验效率，如计数时可先用智能手机拍照，再在手机图片上进行放大计数，这样结果既准确有效，又避免长期使用显微镜造成视觉疲劳。

四、正常参考值

各种动物红细胞正常参考值见表 2-5。

表 2-5　各种动物红细胞正常参考值

10^{12} 个/L

动物种类	平均值±标准差	动物种类	平均值±标准差
黄牛	7.24±1.57	仔猪	6.26±0.84
水牛	5.92±0.98	犬	6.80±1.40
奶牛	5.98±0.87	猫	7.50±2.10
绵羊	8.42±1.20	马	7.93±1.40
山羊	17.20±3.03	鼠	10.50±0.46
猪	5.51±0.35	驴	5.42±0.98
家兔	6.35±1.25	鸡	2.98±0.48

技能六　白细胞计数

【技能目标】

了解各种健康动物白细胞数，掌握白细胞显微镜计数方法。

【材料与设备】

（1）器材　血细胞计数板，血盖片，血红蛋白吸管，0.5 mL 刻度吸管，小试管，计数器，显微镜，擦镜纸，脱脂棉等。

（2）试剂　白细胞稀释液（1%～2%的冰醋酸液，内加 1%结晶紫液 1 滴，以便与红细胞稀释液区别），蒸馏水，乙醇，乙醚等。

（3）采集的血液。

【内容与方法】

一、计数方法

（1）稀释血液　取清洁、干燥小试管一支，加入白细胞稀释液 0.38 mL 或 0.4 mL；用血红蛋白吸管吸取待检血液 20 μL 加入试管内，混匀，即可得 20 倍稀释的血液。

（2）寻找计数区域　与红细胞计数相似，只是将镜头调到白细胞计数区域中（计数板四角的 4 个大方格中的任何一个）。

（3）充液　与红细胞计数法相同（注意避免将气泡充入计数室内）。

(4)计数　基本与红细胞计数法相同,所不同的是用低倍镜计数,按顺序计四个角上的4个大方格(共有16×4=64个中方格)内的白细胞。白细胞呈圆形,有核,周围透亮。

其计算原理如下式:

$$白细胞数(个/\mu L)=W/4\times 10\times 20=W\times 50$$

$$或白细胞数(个/L)=W/4\times 10\times 20\times 10^6$$

式中:W——4个大方格(白细胞计数室)内白细胞总数;

$W/4$——因4个大方格的面积为4 mm^2,$W/4$为1 mm^2内的白细胞数;

10——计数室的深度为0.1/mm,换算为1 mm,应乘以10;

20——血液的稀释倍数。

二、正常参考值

各种动物白细胞数正常参考值见表2-6。

表2-6　各种动物白细胞数正常参考值　　10^9 个/L

动物种类	平均值±标准差	动物种类	平均值±标准差
黄牛	8.43±2.08	仔猪	12.10±2.94
水牛	8.04±0.77	犬	11.50±5.50
奶牛	9.41±2.13	猫	12.50±7.00
绵羊	8.45±1.90	马	8.75±3.35
山羊	13.20±1.88	鼠	7.91±1.61
猪	14.02±0.93	驴	10.72±2.73
家兔	5.20～12.50	鸡(三黄鸡、公)	22.10±8.40

技能七　白细胞分类计数

【技能目标】

掌握血涂片的制作方法、染色技术、白细胞分类计数法,并能识别各类白细胞。

【材料与设备】

(1)器材　载玻片,染色用具,玻璃铅笔,吸水纸,白细胞分类计数器,显微镜,擦镜纸,香柏油等。

(2)试剂　瑞氏染液,磷酸盐缓冲溶液(pH 6.8),蒸馏水。

(3)采集的血液。

【内容与方法】

一、计数方法

(1)涂片　取无油脂的洁净载玻片两张,选择边缘光滑的一张载玻片作为推片(推片一端的两角应磨去,也可用血细胞计数板的血盖片作为推片),用左手的拇指及中指夹持载玻片,右手持推片;先取被检血一小滴,放于载玻片的右端,将推片倾斜30°～40°,使其一端与载玻片接触并放于血滴之前,向后移动推片,使与血滴接触,待血液扩散与推片形成一条线之后,以匀速轻轻向前推动推片,使血液均匀地被涂于载玻片上而形成一薄膜。良好的血涂片,血液应分布均匀、厚度适当。对光观察时呈霓红色,血膜应位于玻片的中央,两端留有空隙,以便进行标记。

(2)染色　瑞氏染色法是血涂片最常用的染色法之一。将自然干燥的血涂片用蜡笔于血膜两端各划一道横线,以防染液外溢。置血涂片于水平支架上,滴瑞氏染液于血涂片上,并计其滴数,直至将血膜浸盖为止,染1～2 min后,再滴加等量缓冲液或蒸馏水,轻轻吹动,使之混匀,再染4～10 min后,用蒸馏水冲洗、吸干、油镜观察。

(3)镜检计数　先于低倍镜下找到图像,再用高倍镜观察血涂片细胞分布情况及染色质量等。如染色合格,在血涂片上滴一滴香柏油,再换用油镜进行观察、计数。由于相对密度大的细胞多分布在血涂片的边缘和尾部,如粒细胞、单核细胞等,相对密度小的细胞则多分布在血涂片的头部和中间,如小淋巴细胞等。因此,为减少细胞分布的固有误差和避免重复计数,通常在血涂片的两端或两端的上下部按二区或四区计数法有顺序地移动血涂片,计数白细胞总数100～200个(白细胞总数在1万个/mm^3以下,计数100个;在1万～2万个/mm^3,计数200个;在2万个/mm^3以上,则计数400个),分别记录各种白细胞数,最后计算出各种白细胞所占百分比。

记录时,可用白细胞分类计数器,或设计一个表格用画"正"字的方法加以记录。

某种白细胞的百分率=(某种白细胞数/计数白细胞总数)×100%

某种白细胞的绝对值=白细胞总数×某种白细胞的百分率

二、各类血细胞的形态特征

各类血细胞的形态特征主要表现在细胞核及细胞质的特有性状上,并应注意细胞的大小。在同一张血涂片上对照比较,互相鉴别。

(1)嗜酸性粒细胞　细胞呈圆形,直径10～18 μm,细胞质内含有大小不等的粗大、鲜红的颗粒。细胞核为杆状或分叶,以2～3叶者多见,呈淡紫或蓝色。

(2)嗜碱性粒细胞　大小、形态与嗜酸性粒细胞相似,但细胞质内含有大小不等的粗大、深蓝色颗粒,细胞核分叶不明显,呈浅淡蓝色且常被细胞质遮盖。

(3)嗜中性粒细胞　大小、形态与嗜酸性粒细胞基本相似,细胞质呈淡粉红色,且细胞质内有多量紫红细小均匀的颗粒(染色不佳时则看不清楚)。细胞核染成深紫色,其形状不一,核近似于肾形,染色稍淡的称为晚幼核;呈S形或U形及带状,两边平行的称为杆状核;核分成2～

4叶，每个叶之间有一细丝相连的称为分叶核。有时因核叶的重叠而看不到细丝，但核量较多，染色质较致密，也是分叶核。

(4)淋巴细胞　核呈圆形或椭圆形，有的凹陷，核染色质致密。有小淋巴细胞和大淋巴细胞两种。小淋巴细胞核染成深紫色，细胞质很少，常呈一小片月牙形，染成蓝色；大淋巴细胞的细胞质相对较多，染成天蓝色，在细胞质和核之间有一淡染色带。

(5)单核细胞　单核细胞是外周血液中最大的白细胞，细胞质较多，呈灰蓝色，有时含少量灰尘样淡紫红色小颗粒。细胞核呈蓝紫色，其染色质较疏松，核的形状不规则，呈肾形、圆形、“山”字形、多角形等。

(6)红细胞　健康动物的红细胞呈双凹盘状、大小不一、圆形，无核，瑞氏染色后呈橘红色，中央染色较浅。异常情况下，其大小和形态会发生改变。

(7)血小板　每一个血小板的体积较小，有时可出现比红细胞还大的巨型血小板，内有紫红色小颗粒，常聚集成堆，有时浮在红细胞之上。

三、正常参考值

各种动物白细胞分类比例正常参考值见表2-7。

表2-7　各种动物白细胞分类比例　%

动物种类	嗜酸性粒细胞	嗜碱性粒细胞	嗜中性粒细胞			淋巴细胞	单核细胞
			晚幼核	杆状核	分叶核		
牛	4.0	0.5	0.5	3.0	33.0	57.0	2.0
羊	4.5	0.5		3.0	33.0	55.5	3.5
猪	2.5	0.5	1.0	5.5	32.0	55.0	3.5
犬	4.0	稀少		1.5	68.5	20.0	5.2
猫	5.5	稀少		1.5	55.0	32.0	3.0
马	4.7	0.3	0.1	3.1	45.8	44.1	2.0

技能八　血小板计数

【技能目标】

掌握血小板计数的方法。

【材料与设备】

(1)器材　同白细胞计数。

(2)试剂　血小板计数的稀释液种类很多，常用复方尿素稀释液：分别取尿素10 g、枸橼酸钠0.5 g和40%甲醛液0.1 mL，加蒸馏水定容至100 mL，此液在室温中可保存10 d左右。稀释液中的枸橼酸钠有抗凝作用，甲醛可固定血小板形态。

(3)新采集的血液。

【内容与方法】

一、计数方法

取稀释液 0.38 mL(或 0.4 mL)置于小试管中,用血红蛋白吸管吸取血液 20 μL,用脱脂棉擦去管外壁的血液后将其吹入盛有稀释液的试管底部,再吸吹数次,以洗出血红蛋白吸管内黏附的血液;混匀,静置 15 min,以使红细胞和白细胞溶解;混匀,用毛细吸管或玻棒蘸取稀释好的血液充入计数室内,静置 15 min 以使血小板下沉;高倍镜下计数一个大方格内的血小板总数,乘以 200,即得 1 mm^3 血液中血小板的个数;或计数 5 个中方格(80 个小方格)内的血小板数乘以 50,即得 1 mm^3 血液中血小板个数。在高倍镜下血小板呈椭圆形、圆形或不规则折光小体。

二、注意事项

(1)所用的器材必须清洁、干燥,稀释液必须新鲜无沉淀。

(2)采血要迅速,以防止血小板离体后发生破裂、聚集。

(3)血小板体积小且不易下沉,因此充入计数室后要静置一段时间,在夏季还应保持一定湿度。另外,计数时由于血小板体积小,常不在同一焦距上,要利用显微镜的细调节器调节焦距以看得更清楚。

三、正常参考值

健康动物血小板数正常参考值见表 2-8。

表 2-8 健康动物血小板数 10^{11} 个/L

动物种类	血小板数	动物种类	血小板数
黄牛	3.0～5.5	猪	1.5～5.0
水牛	2.0～5.0	犬	2.0～9.0
奶牛	2.0～3.0	猫	3.0～7.0
绵羊	2.8～4.6	马	1.5～3.0
山羊	2.5～6.0	兔子	2.6～3.0

技能九 凝血时间测定

【技能目标】

掌握凝血时间的测定方法。

【材料与设备】

实验动物,载玻片,针头,刻度小试管,秒表,恒温水浴箱等。

【内容与方法】

一、操作方法

(1)试管法　多用于大动物。先将动物保定,取洁净试管一支,静脉采血,用试管接取新鲜血液。将试管静置,5 min 后每 30 s 倾斜试管一次,直至血液不再流动即为血液凝固所需时间。

(2)玻片法　多用于小动物。先将动物保定,取洁净载玻片一块,耳静脉采血,用吸管吸取新鲜血液,滴在载玻片上,每 30 s 用针挑动一次,看是否有纤维状血丝,如有即记为凝血时间。注意用针挑动时一定要横穿血滴直径,不能连续满片挑,否则成了脱纤维蛋白血,不能凝固。

二、正常参考值

(1)玻片法　牛 5～6 min;马 8～10 min;猪 3.5～5 min;犬 10 min。

(2)试管法　牛 8～11 min;马 13～18 min;山羊 6～11 min;犬 7～16 min。

技能十　出血时间测定

【技能目标】

掌握出血时间测定方法。

【材料与设备】

兔子,剪毛剪,酒精棉球,细针头,新华滤纸,秒表。

【内容与方法】

操作方法

将兔子保定在保定架上,在耳尖部剪毛消毒后,用细针头刺入 3～4 mm,血液即自动流出,每隔 30 s,用滤纸吸取血滴一次,如此,则纸上血滴逐渐缩小,出血停止时则不再留有血迹。计算血液流出到血迹消失之间的时间,即为出血时间。

技能十一　血液自动分析仪技术

【技能目标】

掌握血液自动分析仪的工作原理及在临床检验中的应用。

血液自动分析仪是临床实验室最常用的仪器,可进行全血细胞计数及其相关参数的检测。1953 年美国 Coulter 公司成功研制第一台电阻抗式血液自动分析仪,经过几十年的反复应用、开发、改进，现已经形成血细胞分析流水线，即把标本识别、标本运输、血细胞分析仪、网织红细胞分析仪、推片机、染片仪联成一线。为临床诊断提供了更多、更新、更有用的指标，对于某些疾病的诊治具有重要的意义，已成为现代兽医临床实验室不可缺少的仪器之一。

一、血液自动分析仪的原理

（一）细胞计数及体积测定原理

（1）电阻抗检测原理　利用血细胞通过微孔时瞬间的电阻变化产生脉冲电流而计数。白细胞、红细胞的稀释标本在一个负压的控制下，分别通过各自的计数微孔，流入各自通道，然后通过两个光电传感器，将细胞信号甄别、放大、计数。

（2）流式细胞术加光学检测原理　利用流式细胞术使单个细胞随着流体动力聚集的鞘流液在通过激光照射的检测区时，使光束发生折射、衍射和散射，散射光由光检测器接受后产生脉冲，脉冲大小与被照细胞的大小成正比，脉冲的数量代表了被照细胞的数量。其优点是：①细胞是一个一个通过激光检测区，避免了细胞重叠的可能性；②利用高、低角等前向散射光还可获得这个细胞的各种相关数据，经综合分析可进一步提高对细胞的鉴别功能。

（二）白细胞分类原理

仪器的白细胞分类计数（DC）由电阻抗法的二分群、三分群发展为多项技术联合同时检测一个细胞，综合分析得到五分类结果。

（1）电阻抗白细胞分类法　白细胞计数池除加入一定量稀释液外还要加入溶血剂，红细胞迅速溶解同时使白细胞膜通透性改变，白细胞质经细胞膜渗出，使细胞膜紧裹在细胞核或存在的颗粒物质周围，所以经溶血剂处理后含有颗粒的粒细胞比无颗粒的单核细胞和淋巴细胞要大些。做白细胞体积分析时，仪器可将白细胞体积从 30～450 fL 分为 256 个通道，每个通道为 1.64 fL，细胞根据其大小分别进入不同通道中，从而得到白细胞体积分布直方图。电阻抗法得到的白细胞分类数据是根据白细胞体积直方图推算得来，以三分类群仪器为例，经溶血处理白细胞根据体积大小初步分为三群：第一群为小细胞区，体积为 35～90 fL，主要为淋巴细胞；第二群为中间细胞区也称单个核细胞区，体积 91～160 fL，包括幼稚细胞、单核细胞、嗜酸性细胞、嗜碱性细胞；第三群为大细胞区，体积 160 fL 以上，主要为中性粒细胞。仪器根据各群占总体积的比例计算出百分比，与该标本的白细胞总数相乘，得到各项细胞绝对值。由于幼稚细胞、嗜酸及嗜碱性粒细胞等多出现在中间细胞区，所以这种白细胞分群只能代表分大小细胞群而已，只用于初筛，显微镜下做白细胞分类结果更可靠。

（2）容量、电导、激光散射白细胞分类法　根据流体力学的原理，使用鞘流技术使溶血后液体内剩余的白细胞单个通过检测器接受容量、电导、激光散射（volume conductivity light scantter，VCS）三种技术同时检测。容量（V）测量使用电阻抗原理。电导性（C）采用高频电磁探针测量细胞内部结构：细胞核、细胞质比例，细胞内的化学成分，以此可辨认体积相同而性质不同的细胞群，如小淋巴细胞和嗜碱性粒细胞两者的直径均在 9～12 μm，当高频电流通过这两种细胞时，由于它们的核与胞质比例不同呈现不同信号，借以区分。激光散射（S）特别具有对细胞颗粒的构型和颗粒质量的区别能力，激光单色光束在 10°～70°时对每个细胞进行扫描，细胞粗颗粒的光散射要比细颗粒更强，以此可将粒细胞分开。根据以上三种方法检测的数据经计算机处理得到细胞分布图，进而计算出结果。

(3)阻抗与射频技术联合白细胞分类法　此类仪器白细胞分类计数通过四个不同的检测系统。

①嗜酸性粒细胞检测系统　血液进入仪器后,血液与嗜酸性粒细胞特异计数的溶血剂混合,由于其特殊的 pH,使除嗜酸性粒细胞以外的所有细胞溶解或萎缩,只有完整的嗜酸性粒细胞通过小孔产生脉冲被计数。

②嗜碱性粒细胞检测系统　原理同嗜酸性粒细胞。血液中嗜碱性粒细胞只存在于碱性溶血剂中,根据脉冲多少以计数嗜碱性粒细胞数。

上述两种方法除需要使用专一的溶血剂外,还需特定的作用温度和时间。

③淋巴、单核、粒细胞(中性、嗜碱性、嗜酸性)检测系统　此系统采用电阻抗与射频联合检测。溶血素作用较轻,对细胞形态改变不大。在测量小孔的内外电极上存在直流和高频两个光射器及直流电和射频两种电流。直流电测量细胞大小,但不能透过细胞质,射频可透入细胞内,测量核的大小及颗粒多少。因此,细胞进入小孔时产生两个不同的脉冲信号,脉冲的高低分别代表细胞大小(DC)和核及颗粒的密度(RF),以 DC 信号为横坐标,RF 为纵坐标,将两个信号把同一个细胞定位于二维的细胞散射图上。根据中性粒细胞、淋巴细胞、单核细胞的细胞大小、胞质含量、颗粒大小与密度,核形态与密度不同,得出各类细胞比例。

④幼稚细胞检测系统　由于幼稚细胞膜上脂质较成熟细胞少,在细胞悬液中加入硫化氨基酸后,幼稚细胞结合硫化氨基酸较成熟细胞多,且对溶血剂有抵抗作用,当加入溶血剂后成熟细胞易被溶解,幼稚细胞形态不受破坏,因此,可通过电阻抗法检测出。

(4)光散射与细胞化学技术联合白细胞分类法　此类仪器联合利用激光散射和过氧化物酶染色技术进行血细胞分类计数。嗜酸性粒细胞有很强的过氧化物酶活性,依次为中性粒细胞、单核细胞,而淋巴细胞和嗜碱性粒细胞无此酶。如果待测细胞质中含有过氧化物酶,能催化一种供氢(电子)体,通常是苯胺或酚等脱氢,当其脱氢后,供氢体分子结构发生了变化,从而出现了色基显色,即可使四氯-萘酚显色并沉积定位于酶反应部位。利用酶反应强度不同(阴性、弱阳性、强阳性)和细胞体积大小不同,激光光束射到细胞上所得前向角和散射角不同,以 X 轴为吸光率(酶反应强度),Y 轴为光散射(细胞大小),每个细胞产生两个信号并结合定位在细胞图上。仪器每秒钟可测定上千个细胞,经计算机处理得出白细胞分类结果。

(5)多角度偏振光散射白细胞分类法　该方法的基本原理是标本在水动力聚焦系统的作用下进入检测部,在激光束的照射下,细胞在多个角度部产生散射光。仪器特别设置了四个角度来收集散射光的信号。0°为前角散射,用于粗略判断细胞体积大小;10°为狭角散射,用于检测细胞结构及其内部复杂性的指标;90°为垂直光散射,用于对细胞内部颗粒及细胞核分叶情况的分析;−90°偏振光散射基于颗粒可以将垂直角度的激光消偏振的特性,将嗜酸性细胞从中性粒细胞和其他细胞中分离出来。根据散射光的角度和位置,仪器内部的四个检测器可以接收到相应的信号,由仪器内部的微处理器进行分析处理,可将白细胞分为嗜酸性粒细胞、中性粒细胞、嗜碱性粒细胞、淋巴细胞和单核细胞 5 种。

(三)红细胞测试原理

(1)红细胞(RBC)和血细胞比容(HCT)　红细胞和血细胞比容测定与前述细胞计数及体积测定原理一样。红细胞通过小孔,由于电阻抗作用,使电压改变,形成大小不同的脉冲,脉冲的多少与红细胞数目成正比,脉冲高度决定单个红细胞体积,脉冲高度叠加经换算可得到血细胞的比容(有的仪器,先以单个细胞高度计算平均红细胞容积,再乘以红细胞数得出血细胞比容)。在红细胞检测的各参数中均含有白细胞,但因白细胞比例小(红细胞:白细胞为700:1),这种干扰可忽略不计。但在白血病及严重感染时白细胞数增高,同时又伴有严重贫血时,可造成红细胞各参数的严重误差。此类标本,应该从红细胞计数结果中减去白细胞计数结果。同样由于仪器内存在的脉冲经分析器信号整理,可打出红细胞体积分布直方图。它是反应红细胞大小或任何相当于红细胞大小范围内粒子分布图,横坐标表示红细胞体积、仪器设置范围一般在 25~250 fL,纵坐标表示不同体积红细胞出现相对频率。

(2)血红蛋白(Hb)测定　任何类型仪器 Hb 测定原理基本相同。细胞悬液加入溶血剂后,红细胞溶解释放出 Hb,并与溶血剂中有关成分形成 Hb 衍生物,在 540 nm 特定波长下比色,吸光度与 Hb 含量成正比,可直接反映 Hb 浓度。国际血液标准化委员会(ICSH)推荐氰化高铁血红蛋白(HiCN)法,其最大吸收峰在 540 nm。不同系列血细胞分析仪配套溶血剂配方不同,形成的血红蛋白衍生物也不同,吸收光谱各异,但最大吸收峰均接近 540 nm。由于 HiCN 有毒性,近年来使用非氰化物溶血剂,如十二烷基月桂酰硫酸钠(SLS)溶血剂,形成的衍生物(SLS-Hb)与 HiCN 吸收光谱相似,实验结果的精确性、准确度达到氰化物溶血剂同等水平。

(3)各项红细胞指数检测原理　平均红细胞体积(MCV)、平均红细胞血红蛋白含量(MCH)、平均红细胞血红蛋白浓度(MCHC)及红细胞体积分布宽度(RDW),均是根据仪器检测的 RBC、HCT 和 Hb 的实验数据,经仪器内存电脑换算出来的。

(四)血小板分析原理

血小板随红细胞一起在一个系统进行检测,根据不同阈值,分别计数血小板与红细胞数。血小板分布贮存于 64 个通道内,根据所测血小板体积大小自动计算出血小板平均体积(MPV)。血小板直方图也是反映血小板体积的,横坐标表示体积,范围一般为 2~30 fL,纵坐标表示不同体积血小板出现的相对频数。要注意的是,不同的仪器血小板直方图范围存在差异,为了使血小板计数更准确,有些仪器设置了增加血小板准确性的技术,如鞘流技术、浮动界标复合曲线等。

二、血液自动分析仪的类型

血液自动分析仪的类型较多,根据对白细胞分析程度分为二分群、三分群、五分类。根据自动化程度又分为两大类:半自动仪器须手工稀释血标本;全自动可直接用抗凝血进样。不同的仪器型号有不同的分析方法和提供不同数量的参数。

(一)半自动二分群血液自动分析仪

(1)仪器性能　①检测速度为每小时 60 份标本,仪器为双通道,容易操作。②用血量少,准确性、重复性好。③测定结果超过正常界限和直方图不正常,可出现警示符号提示。④有质控资料及标本检测资料存储、手工鉴别、设备警告系统等软件程序。⑤对仪器状态可自动监测。

(2)检测项目　不同仪器可检测 8~15 项参数及 3 个直方图,主要有 WBC、RBC、Hb、HCT、MCV、MCH、MCHC、PLT、小型白细胞比率(W-SCR)、大型白细胞比率(W-LCR)、小型白细胞计数(W-SCC)、大型白细胞计数(W-LCC)、红细胞分布宽度(RDW)、血小板分布宽度(PDW)、血小板平均体积(MPV),并打印白细胞、红细胞及血小板直方图。

(二)全自动三分群血液自动分析仪

(1)仪器性能　①检测速度每小时60～80份标本，配上自动装置可连续吸取标本，避免实验室内感染。②两种溶血素，即白细胞溶血素和红细胞溶血素SLS-Hb法(无毒)。③该仪器线性范围宽、重复性好、准确性高、变异范围小。④有的设有浮球式绝对定量检测，每次测定后自动冲洗，避免管道污染和颗粒阻塞，携带污染率几乎为零。⑤自动化程度高，对试剂污染、气泡干扰、异物阻塞有监控系统。自动报警系统，结果异常出现时提示，通过直方图可反映出标本问题或提示某些疾病导致图形异常，如自身免疫性病变、白血病、高免疫球蛋白血症等。⑥有质控资料及标本检测资料存储等软件程序。

(2)检测项目　除二分群的15项参数外，还增加了中等大小白细胞比率(W-MCR)、中等大小白细胞计数(W-MCC)及大血小板比率(P-LCR)，达18项参数及3个直方图。

(三)全自动五分类血液自动分析仪

(1)仪器性能　①速度快，每小时110～150份标本。②具有检测有核红细胞的功能。③专用幼稚细胞检测通道和试剂，包括幼稚细胞在内的十余种异常细胞的检测。④半导体激光技术、荧光染色及流式技术或在增强型流式单通道内采用VCS和Acc-nFiex分析技术，使白细胞分类更精确，达到最低分类镜检率。⑤强大的网络功能及完善的数据管理系统，可开展远程诊断，远程维护和质控提供软件支持。⑥高效、自动的标本资料管理及强大的工作平台，包括自动质控、实验室质量保证程序和事件记录功能。⑦无错进样管理，包括穿刺进样，条码识别和双重标本完整性探测器。⑧仪器可与网织红细胞检测仪、自动进样仪、自动涂片机相联，形成自动化模块。

(2)检测项目　五分类仪器可检测25项参数或更多。

(四)全自动五分类联接网织红细胞分析仪

(1)仪器性能　①准确性高，通过对细胞RNA检测比目测法准确、敏感。②精确度达97%以上。并可将网织红细胞分类为HFR、MFR及LFR，对贫血、骨髓移植、白血病、放疗、化疗观察有非常重要意义。③自动化程度高，连续测定每小时可达60份标本。④可与五分类联接形成自动化模块。

(2)检测项目　检测网织红细胞的有关项目10多项。

任务小结

本任务主要介绍的内容有3方面。

(1)血液标本的采集方法　毛细血管采血法、静脉采血法和心脏采血法，了解不同检验目的采用的合适采血途径及抗凝剂选择。

(2)血常规检查项目　红细胞沉降率、红细胞比容、血红蛋白含量、红细胞计数、白细胞计数、白细胞分类计数、血小板计数、出血时间和凝血时间等，了解各检查方法的原理、操作步骤、正常参考值及临床意义。

(3)介绍了血液自动分析仪在血液检验中的应用技术　学会善于接受新方法，不断学习和掌握新技术。

复习思考题

1. 血液的采集方法有哪几种？简述常用抗凝剂的种类，抗凝剂适用场景。
2. 简述红细胞沉降率测定的原理。
3. 哪些疾病能导致红细胞比容增高，其原理是什么？
4. 简述血红蛋白测定的原理。
5. 简述红细胞计数时的注意事项。
6. 白细胞计数和红细胞计数在操作方法上有何区别？
7. 简述白细胞的种类。
8. 血液中血小板的功能如何？
9. 查阅相关资料，简述血液凝固的过程。
10. 出血时间的长短与什么有关？
11. 出血时间测定有什么临床意义？
12. 怎样用血液自动分析仪进行血常规检查？

任务二 尿液检查

动物泌尿器官本身或有些其他器官的疾病都可引起尿液成分和性状的变化，因此，尿液检查在临床诊断、治疗和预后判断上，都具有重要意义。尿液检查包括尿液理化检查及尿沉渣镜检，主要用于泌尿系统疾病诊断与疗效判断，也可用于其他器官系统疾病诊断，如糖尿病、急性胰腺炎、黄疸、重金属中毒；还可用于药物残留，如用庆大霉素、磺胺药、抗肿瘤药等，可能引起肾脏损伤的检测。尿液检查绝大部分都是使用尿液分析仪、试剂盒或试条。

学习目标

1. 会正确进行尿液标本采集，并进行物理性状检查；
2. 掌握尿液化学检查和尿沉渣检查方法。

技能一 尿液标本采集和保存

【技能目标】

掌握尿液标本采集和保存的基本方法。

【材料与设备】

实验动物，集尿瓶（烧杯、烧瓶等），导尿管，量筒，量杯。

【内容与方法】

一、尿液标本采集

(一)自然排尿

在动物自然排尿时,中段尿液最好,因为开始的尿流会机械性地把尿道口和阴道或阴茎包皮中的污物冲洗出来。自然排尿是评价血尿时选择的采尿方法,因为其他方法会在采尿时导致出血而增加红细胞的量。除自然排尿外,还可以诱导动物排尿,如轻抚动物膀胱部位的皮肤,让动物嗅闻尿迹或氨水气味,均可诱使动物排尿。

(二)压迫膀胱排尿

小动物可通过体外压迫膀胱排尿。但在泌尿系统外伤时,压迫膀胱会使尿液标本中的红细胞和蛋白质增加。当动物发生尿道阻塞、做膀胱切开术时,不能压迫膀胱采尿,防止膀胱破裂。

(三)导尿

在无法采集尿液时可用导尿法采集尿液。

(四)膀胱穿刺

膀胱穿刺可以使尿液标本中的非尿道污染物减少到最小,可以避免尿道口、阴道、阴茎包皮和会阴污染物的污染。其主要缺点是针孔造成的外伤,可能会引起医源性的血尿和膀胱穿刺部位尿液进入腹腔。但近期进行过膀胱切开手术和有严重的膀胱外伤时,不能用该方法进行尿液标本采集。

二、尿液标本保存

采集到的尿液标本应尽快分析。如果不能在 30 min 内进行尿液分析或送检时,应冷藏保存;也可加入适量的防腐剂以防止尿液发酵和分解。但不可在做细菌学检验的尿液中加入防腐剂。常用防腐剂及用量可按尿量加入 0.5%～1%的甲苯,或按尿量的 1/400 加入硼酸,或每 100 mL 尿液加入 3～4 滴甲醛溶液(做尿中蛋白质和糖检验时不可加)。冷藏的尿液标本在检测时,需要预先加热至室温。

技能二 尿比重测定

【技能目标】

掌握尿比重测定的基本方法。

【材料与设备】

采集的尿液标本,量筒,量杯,温度计,胶头吸管或滤纸,尿比重计。

【内容与方法】

一、测定方法

尿比重测定有化学试带法、折射计法、超声波法、尿比重计法等。前三种方法设备条件要求高，兽医临床用得不多，下面介绍尿比重计法。

(1)将尿振荡后，放入 20 mL 量筒内，如液面有泡沫，可用胶头吸管或滤纸吸除泡沫。

(2)用温度计测尿温，并做记录。

(3)小心地将尿比重计浸入尿液中，不可与量筒壁相接触，经 1 min，待尿比重计稳定后，读取半月形液面与尿比重计上相应的刻度数，即为尿比重。

如尿量不足时，可将尿用水稀释后测定，然后，将测得的尿比重值最后两位数乘以稀释倍数，即得原尿比重。

二、注意事项

尿比重计上的刻度是以尿温 15 ℃ 为标准制作的，当尿温高于 15 ℃ 时，则每高 3 ℃ 加 0.001，反之每低 3 ℃ 则减 0.001。尿比重计法操作较烦琐，尿液标本用量大，温度及尿葡萄糖、蛋白质、尿素对结果有一定影响。

三、正常参考值

尿比重为单位容积尿液中含固体物质的多少，其中影响最大的是尿素和氯化钠。健康动物每天排出固体物质比较恒定，因此，尿量对比重影响较大，一般尿比重值与排尿量呈反比。此外，还与饮水、排汗以及由肺和肠道的排水量等因素有关。

健康动物尿比重为：马 1.025～1.055，牛 1.025～1.050，羊 1.015～1.065，猪 1.018～1.022，犬 1.020～1.050，猫 1.035～1.060。

技能三　尿液化学检查

【技能目标】

掌握尿液酸碱度、尿蛋白、尿潜血、尿胆素原、尿糖、尿酮体等的检验方法。

【材料与设备】

pH 试纸，尿蛋白检验试纸，尿糖检测试纸，尿潜血试纸，酸度计，硝酸，盐酸，冰醋酸，磺基水杨酸，浓氨水，硫酸铵，联苯胺，邻-联甲苯胺，过氧化氢，对二甲氨基苯甲醛，无水碳酸钠，柠檬酸钠，硝普钠，结晶硫酸铜，蒸馏水。

【内容与方法】

一、尿液酸碱度(pH)的测定

(一)原理

肾小管上皮细胞分泌的 H^+ 与肾小管滤液中的 NH_3 或 $H_2PO_4^-$ 结合,形成 NH_4^+ 或可滴定酸($H_2PO_4^-$)随尿排出,与指示剂发生颜色反应或与电极产生电位反应。

尿液中正常 H^+ 浓度取决于饲料的种类,以植物性饲料为主的动物倾向于产生碱性尿液,而饲喂高蛋白含量的谷类或以动物性蛋白质为主的动物,通常产生酸性尿。吮乳的幼龄动物均为酸性尿,病理情况下或服用某些药物,尿液 pH 可发生改变。

(二)测定方法

酸碱度测定的方法有试带法、pH 试纸法、指示剂法、滴定法等。临床上常用的是试纸法,此法简便快捷。

取 pH 试纸一条浸入被检尿内,取出后比色,以判断尿液的 pH。

(三)正常参考值

健康动物尿液 pH 为:马 7.2~7.8,牛 7.7~8.7,羊 8~8.5,猪 6.5~7.8,犬 6~7,猫 6~7。

(四)注意事项

被检尿液一定要新鲜,因为放置时间过长,可导致尿中 CO_2 丢失和细菌分解尿素而释放出氨,使尿液变碱性。尿液 pH 的变化,将影响尿液中结晶形成的类型。

二、尿蛋白的测定

病理情况下,肾脏的滤过发生障碍,大量的蛋白质进入尿中。尿中出现蛋白质,称为蛋白尿。动物正常排出的尿液蛋白质含量极少,用一般方法不能检测。如尿液中能用一般定性方法检测出蛋白质,均为病理现象。

尿蛋白的定性定量检测方法有加热醋酸法、磺基水杨酸法、硝酸法、试纸法及尿蛋白分析仪定量测定法。

(一)煮沸法(加热醋酸法)

本法较简单。

(1)原理　蛋白质遇热发生凝固而出现混浊。

(2)试剂　10%醋酸溶液。

(3)检测方法　取中试管 1 支,加供检尿(如为碱性尿,需加少许 10%醋酸,使之成为弱酸性)5~10 mL,于酒精灯上加热至沸,如呈白色混浊或出现絮状沉淀,则为蛋白尿阳性。

如酸性尿的动物检尿在检验的过程中出现混浊现象,可滴加醋酸溶液数滴。若滴酸后混浊消失,为假阳性反应(由草酸盐或磷酸盐而生成的假阳性);若滴酸后不消失并混浊加重或产生沉淀,则为阳性反应。

(二)磺柳酸法(磺基水杨酸法)

本法较灵敏。

(1)原理　磺柳酸又称磺基水杨酸,在酸性环境中,阴性离子可与阳电荷的蛋白质结合成不溶性的蛋白盐而沉淀。

(2)试剂　通常用20%磺柳酸溶液。

(3)检测方法　取酸化尿置于玻片上,滴加20%磺柳酸溶液1～2滴,如尿中含有蛋白质或蛋白胨,即出现白色混浊。

(三)硝酸法

(1)原理　蛋白质遇酸发生凝固沉淀。

(2)试剂　35%硝酸溶液。

(3)检测方法　取一支小试管,先加入35%硝酸溶液1～2 mL,随后沿试管壁缓慢滴加尿液,使两液面重叠,静置3～5 min观察结果,两液叠面产生白色环者为阳性反应。白色环越宽,表示蛋白质含量越高。

(四)试纸法

试纸法是用检验试纸和已知标准彩图进行肉眼对比,从而获得大概的含量,有半定量和定量试纸法。定量试纸法是把检验试纸插入自动尿分析仪中,可自动打印出所检标本的含量。半定量试纸法可检出1+到4+,它们分别为30、100、300、1 000 mg/dL蛋白质。下面介绍的是半定量法。

(1)原理　根据指示剂“蛋白质误差”的原理,在一定的pH条件下,由于尿中蛋白质的作用可使试纸条上的试剂产生绿色。阴性结果为黄色,根据尿中蛋白质含量的多少,阳性结果时可呈现黄绿、绿和蓝绿等不同颜色。

(2)试纸　市售的尿蛋白检验试纸,在产品规定的存放条件下,有效期可达2～3年。

(3)检测方法　由试纸瓶中取出试纸(取后立即扭紧瓶盖以防瓶内试纸受潮影响有效期),将试纸插入新鲜的未经离心的尿液中,立即取出试纸并在容器壁上沾去多余的尿液,迅速与瓶签上的标准比色板比色判定。

(4)注意事项　强碱性的尿液或混有氯已定等消毒剂的尿液,可引起假阳性结果。因此,对强碱性尿,要用醋酸液调整其pH至弱酸性。

尿蛋白检测还有试带法,用于尿蛋白定性或定量分析。

三、尿潜血的测定

正常动物尿中不含红细胞、血红蛋白和肌红蛋白。尿液中不能用肉眼直接观察出来的红细胞或血红蛋白称为潜血。尿中混有一定量红细胞,称为血尿;含有一定量血红蛋白时,称为血红蛋白尿;含有一定量的肌红蛋白时,称为肌红蛋白尿。常用方法有联苯胺法和试纸法。

(一)联苯胺法

(1)原理　血红蛋白中的铁,具有过氧化酶的作用,可分解过氧化氢放出氧,使联苯胺氧化呈绿色或蓝色。

(2)试剂　①联苯胺冰醋酸饱和液。②3%过氧化氢溶液。

(3)检测方法　取供检尿 3～5 mL 置洁净试管中煮沸，以破坏其他可能存在的过氧化酶。冷却后滴加冰醋酸使尿呈酸性，然后加入联苯胺冰醋酸饱和液数滴，再加 3%过氧化氢溶液数滴，混合，数秒钟即可呈现蓝色反应，表明尿潜血阳性。

(4)注意事项　①过氧化氢溶液必须新鲜。②玻璃器材必须十分清洁，否则可呈假阳性反应。

(二)试纸法

(1)原理　血红蛋白中的铁质具有过氧化酶的作用，使试剂中的过氧化物分解，使邻-联甲苯胺氧化并呈蓝色或绿色。

(2)试纸　市售尿潜血试纸。本试纸选用邻-联甲苯胺作呈色剂，可避免联苯胺有致癌作用的缺点。

(3)检测方法　把试纸插入尿中，取出后 40 s，观察颜色变化，从而确定尿中血红蛋白含量。尿中血红蛋白含量能检出的级别有非溶血性微量、溶血性微量、少量(＋)、中等量(＋＋)和大量(＋＋＋)。

试纸法一般检验能力为 0.015～0.060 mg/dL 游离血红蛋白，或尿中含 5～20 个/μL 完整红细胞。非溶血性微量是指尿中含有完整红细胞超过 5 个/μL，在试纸上出现蓝色斑点，斑点状的绿色或蓝色说明尿中有完整的红细胞；弥漫性的绿色或蓝色为血红蛋白或肌红蛋白。血尿与血红蛋白尿鉴别方法见表 2-9。

表 2-9　血尿与血红蛋白尿鉴别方法

鉴别方法	血尿	血红蛋白尿
肉眼观察	常混浊不透明	常透明
静置后	有红色沉淀	无红色沉淀
显微镜检查	可发现完整红细胞	无完整红细胞
多次过滤	脱色	不脱色

(4)注意事项　①比重增加、蛋白质增多或含 5%以上抗坏血酸时，可使试纸的敏感性降低。②混入某些氧化剂(如次氯酸盐)时，可引起假阳性结果。尿路感染时，细菌的过氧化酶也可引起假阳性结果(呈点状蓝色，容易误判为尿中有红细胞)。

四、尿胆素原的测定

尿胆素原是肠道中细菌还原胆红素结合物而产生的物质，从粪便中排出为粪胆原，大部分尿胆素原由肠道重吸收经肝脏转化为结合胆红素再排入肠道，小部分尿胆素原由肾小球滤过从尿液排出。因此，健康动物的尿中含有少量的尿胆素原，在空气中氧化成尿胆素。

(1)原理　尿胆素原在酸性溶液中可与对二甲氨基苯甲醛发生醛化反应生成红色化合物。

(2)试剂　艾氏试剂(对二甲氨基苯甲醛 2.0 g，浓盐酸 20.0 mL，蒸馏水加至 100 mL)，10%醋酸溶液。

(3)检测方法　先测定被检尿液的 pH，如为碱性，用 10%醋酸调至弱酸性。取中试管 1 支，加被检尿 9 mL，再加艾氏试剂 1 mL，充分混匀后静置 10min 观察结果。观察时在管底垫一张白纸，在明亮处自管口往管底观察其颜色变化，呈现樱桃红色为阳性。

五、尿糖的测定

健康动物的尿中仅含微量的葡萄糖，一般化学方法无法检出。虽然葡萄糖很容易从肾小球滤出，但在肾小管内全部被重吸收。如果血液中葡萄糖含量超过了肾脏的葡萄糖阈，尿液中即出现多量葡萄糖。若用一般方法能检出尿中含有葡萄糖时，称为糖尿，表示机体的碳水化合物代谢障碍或肾脏的滤过机能严重破坏。

尿糖的测定有试带法、薄层层析法、班氏试剂法、试纸法。前两种方法设备条件要求高，在兽医临床较少采用，下面介绍两种常用的方法。

(一)试纸法

(1)原理　葡萄糖在葡萄糖氧化酶的催化作用下形成葡萄糖酸和过氧化氢，过氧化氢在过氧化氢酶的催化作用下形成水和原子氧，原子氧可以将某种无色的化合物氧化成有色的化合物。将上述两种酶和无色的化合物固定在纸条上，制成测试尿糖含量的酶试纸。这种酶试纸与尿液相遇时，很快就会因尿液中葡萄糖含量的由少到多而依次呈现出浅蓝、浅绿、棕或深棕色。

(2)试纸　尿糖试纸，市面上有售。

(3)检测方法　将试纸浸入尿液，湿透后取出，1 min 后观察试纸颜色，并与标准比色板比较，即能得出测定结果。

(二)班氏试剂法

(1)原理　在高热和强碱溶液中，葡萄糖或其他还原性糖，能将溶液中蓝色的硫酸铜还原为黄色的氢氧化亚铜沉淀，进而形成红色的氧化亚铜沉淀。根据沉淀有无和色泽变化判断含量。

$$\text{班氏试剂}+\text{氢氧化钠}\xrightarrow{\triangle}\text{葡萄糖酸钠}+\text{氧化亚铜(红色)}$$

(2)试剂　班氏试剂：结晶硫酸铜 17.3 g，无水碳酸钠 100.0 g，柠檬酸钠 173.0g，蒸馏水。先将无水碳酸钠和柠檬酸钠溶于 700 mL 蒸馏水中，加热促其溶解，另将结晶硫酸铜溶于 100 mL 蒸馏水中，待硫酸铜溶解后将其缓慢倾入前液中并加蒸馏水至 1 000 mL，过滤后保存于橙色瓶中备用。

(3)检测方法　取班氏试剂 5 mL 于试管中，加尿液 0.5 mL 充分混合，加热煮沸 1～2 min，静置 5 min 观察结果。管底出现黄色或黄红色沉淀者为阳性反应。沉淀越多表示尿葡萄糖含量越高。

(4)注意事项　①尿中如有蛋白质，先把尿加热煮沸，过滤后再检。②尿液与试剂必须按要求加入，否则会出现假阳性反应。

六、酮体的测定

酮体是乙酰乙酸、β-羟丁酸和丙酮的总称，是脂肪代谢的中间产物。健康动物尿中含有微量的酮体，用一般化学试剂无法检出。尿中出现多量的酮体称为酮尿。常用郎氏法或改良罗特拉氏法检测。

(一)郎氏法

(1)原理 丙酮或乙酰乙酸与硝普钠作用后,再与氨液接触可产生紫红色化合物。冰醋酸可抑制肌酐产生类似的反应。

(2)试剂 硝普钠,冰醋酸,浓氨水(28%)。

(3)检测方法 取被检尿液约 2 mL 于小试管内,加入硝普钠结晶数小粒,振荡使其溶解,再加冰醋酸 0.2 mL(3~4 滴),混匀后,将试管倾斜,沿管壁缓缓加入浓氨水 0.5~1 mL,然后观察产生的现象。

(4)结果判定 在两液交界处呈现紫红色环即为阳性。根据颜色产生的时间,可做初步定量判定:立即出现深紫红色环(+++)、逐渐出现紫红色环(++)、10 min 内出现淡紫色环(+)、10 min 后不显色(—)。

(二)改良罗特拉氏法

(1)原理 丙酮和乙酰乙酸在一定的 pH 环境中,与硝普钠及硫酸铵作用形成紫色化合物。

(2)试剂 硝普钠 0.5 g,无水碳酸钠 10 g,硫酸铵 20 g。将这三种药物研磨均匀呈粉剂(不宜太细),贮于棕色瓶中备用。若放置过久变黄,说明失效。

(3)检测方法 取粉剂约 0.1 g 于载玻片上或反应盘内,加新鲜尿 2~3 滴,使粉剂完全被尿液浸透。

(4)结果判定 浸透尿液的粉剂呈紫红色为阳性反应,5 min 后仍不显色者为阴性。根据显色快慢色泽深浅也可以用(+++ → +)表示。

技能四 尿沉渣检查

【技能目标】

掌握尿沉渣的显微镜检查方法,识别尿沉渣中见到的各种成分形态。

【材料与设备】

采集的尿液,离心机,载玻片,盖玻片,吸管,显微镜,Sternheimer-Malbin 染色液,瑞氏染色液,苏丹Ⅲ,革兰染色液。

【内容与方法】

一、操作方法

将尿液静置或低速(1 500~2 000 r/min)离心 5~10min。倒去上清液,剩少量尿液,然后摇匀,用吸管吸少量滴在载玻片上,盖上盖玻片,在显微镜较暗视野下观察。先用低倍镜观察后,再转换高倍镜仔细观察。

通常无需染色,即可进行尿沉渣检验。如果需要染色,有多种染色液可供选用。一般染色用 Sternheimer-Malbin 染色液，欲染细胞成分可用瑞氏染色液，欲染脂肪可用苏丹Ⅲ，欲染细菌可用革兰染色液。Sternheimer-Malbin 染色法为 0.2 mL 尿沉渣加入一滴染液，混合后吸到载玻片上，用盖玻片覆盖，3 min 后镜检。此时，红细胞染成淡紫色，多形核白细胞核染成橙红色，透明管型染成粉红色或淡紫色，细胞管型染成深紫色。

动物尿沉渣中如果见到少量红细胞或白细胞(1～2 个/HPF)、几个上皮细胞(成年母畜尿中含有大量鳞状上皮细胞)及偶尔见到透明管型，都视为正常尿液。

二、尿中有机沉渣

1. 上皮细胞

(1)肾上皮细胞　呈圆形或多角形，细胞核大而明显，核呈圆形或椭圆形，位于细胞中央，细胞质中有小颗粒。尿中出现肾上皮细胞，表明肾实质损伤，见于急性肾小球肾炎、肾病等。

(2)肾盂及输尿管上皮细胞　比肾上皮细胞大，肾盂上皮细胞呈高脚杯状，细胞核较大，偏心。输尿管上皮细胞多呈纺锤形，也有呈多角形及圆形者，核大，位于中央或略偏心。尿中大量出现以上细胞，为肾虚、输尿管炎的症状。

(3)膀胱上皮细胞　为大而多角的扁平细胞形的核。在膀胱炎时尿中大量出现。

2. 血细胞、脓细胞

(1)红细胞　小而圆，淡黄褐色，无细胞核。尿中出现红细胞，见于肾炎、膀胱炎、尿道炎、结石及泌尿器官的出血。

(2)白细胞　比红细胞略大，有细胞核。尿中出现大量白细胞，见于肾及尿路的炎症。

(3)脓细胞　为变性的分叶核中性粒细胞。结构模糊，细胞核隐约可见，常聚集成堆。尿中出现多量脓细胞，见于肾炎、肾盂肾炎、膀胱炎和尿道炎。

3. 管型

管型是蛋白质在肾小管发生凝固而形成的圆柱状物质。如果尿中出现多量管型，表示肾脏实质受到严重损害。临床上常见的管型有以下几种。

(1)肾上皮细胞管型　在蛋白质基质中嵌入肾上皮细胞而形成的管型。见于急性肾炎、慢性肾炎、间质性肾炎、肾病及某些化学物质中毒病(如银、汞等中毒)等。

(2)红细胞管型　红细胞穿过肾小球或肾小管基底膜进入肾小管，在管型形成过程中嵌入蛋白质基质中而形成。常见于急性肾炎、慢性肾炎的急性发作期等。

(3)白细胞管型　在蛋白质基质中嵌入白细胞而形成的管型。见于肾盂肾炎、间质性肾炎等。

(4)颗粒管型　为肾上皮细胞变性、崩解或由血浆蛋白及其他物质等崩解的大小不等颗粒聚集而形成的管型，细胞结构不明显，管型表面散在有大小不等的颗粒。见于各种肾炎。

(5)透明管型　结构细致、均匀、透明、边缘明显伸直而少弯曲。

(6)脂肪管型　为肾上皮细胞脂肪变性而形成，是种较大的管型，在管型基质中含有脂肪滴或嵌入含有脂肪滴的肾小管上皮细胞。脂肪滴大小不等，呈卵圆形，有强的屈光性。常见于肾病综合征、肾炎及中毒性肾病等。

(7)蜡样管型　可能是发生淀粉样变性的上皮细胞溶解后逐渐形成，或由颗粒管型衍化而来，是细胞崩解的最后产物，表明肾小管病变严重。特征为质地均匀，轮廓明显，具有毛玻璃样的闪光，表面似蜡块，长而直，很少有弯曲，较透明管型宽，称为假管型。

4. 黏液

黏液为均质物质，常呈细长、弯曲、缠绕的线状，在视野背景调暗时才能看到，黏附在其他物体上时看得更清楚。马肾盂和近端输尿管有黏液分泌腺，因此马尿中有黏液是正常现象，其他动物尿中有黏液，表明尿道受刺激或生殖道分泌物混入了尿液。

5. 脂肪滴

脂肪滴是一种具有强折光性、大小不一的物体，由于它总浮在表面，镜检时总不能和其他沉渣在一个焦点上同时见到。用苏丹Ⅲ可染成橘黄色至红色。正常猫尿中含有脂肪滴，其他动物则无，如有发现，要么由于人工导尿所致，要么存在甲状腺机能降低、糖尿病等。

6. 微生物

(1)细菌　尿中单个或成串的杆菌，一般可以辨认；单个球菌类似于微小结晶或碎片，在尿中呈布朗运动(液体分子运动)，即使在高倍显微镜下也无法辨认，但成串的球菌容易辨认。尿沉渣进行瑞氏或革兰染色时，细菌较容易辨认。

如果尿样收集适当，正常尿液中无细菌。如果在膀胱穿刺或无菌导尿的尿样中发现含有大量的细菌，尤其在尿沉渣中同时还含有大量白细胞和红细胞，可诊断为膀胱炎和肾盂肾炎。采集排尿中段尿样含有大量细菌时，除膀胱炎和肾盂肾炎外，还表明有尿道炎、子宫炎、阴道炎和前列腺炎。

(2)真菌　尿沉渣中有时可看到分节的真菌菌丝或出芽的酵母菌，这是尿污染造成的，临床上无意义。

7. 寄生虫

尿沉渣中能检验到有齿冠尾线虫(猪肾虫)、膨结线虫(犬和狼大型肾脏寄生虫)、皱襞毛细线虫(犬、猫和狐的膀胱寄生虫)等寄生虫的虫卵，有时可检验到犬恶丝虫的微丝蚴。

三、尿中无机沉渣

在尿沉渣中可观察到形态各异的盐类结晶，尿液中盐类结晶的析出，决定于该物质的饱和度及尿液的 pH、温度和胶体物质的浓度。

1. 碱性尿中无机盐沉渣

(1)碳酸钙结晶　圆形，具有放射状线纹。此外，有哑铃状、磨刀石状、饼干状等。草食动物尿中缺乏碳酸钙为病理状态，是尿变酸的特征。

(2)磷酸钙(镁)结晶　为无定形浅灰色颗粒，聚集成束。此结晶为碱性尿的正常成分。

2. 酸性尿中的无机沉渣

(1)硫酸钙结晶　为长棱杆状物或针状物。见于酸性尿中。

(2)尿酸结晶　为棕黄色的磨刀石状、叶簇状、菱形片状、长棱柱状或梳状等。见于肉食动物的正常尿中。

(3)尿酸盐　呈棕黄色小颗粒状，聚积成堆。见于酸性尿。

3. 病理性尿沉渣

(1)磷酸铵镁结晶　为多角棱柱体及棺盖状结晶,也有雪花状或羽毛状。尿中出现磷酸铵镁,见于肾盂肾炎和膀胱炎。

(2)尿酸铵结晶　为黄色或褐色,圆形,表面有刺突,类似曼陀罗果穗状。在膀胱炎、肾盂肾炎等化脓性炎症的尿沉渣中常可见到。

(3)马尿酸结晶　为棱柱状或针状结晶,有时成束如交错的针状、扇形或扫帚状,表明患有肾脏疾病。

(4)草酸钙结晶　为四角八面体,如信封状,有十字形折光体。除草食动物外,尿中出现大量的草酸钙,见于糖尿病和慢性肾炎等。

任务小结

本任务主要介绍的内容有两个方面。

(1)尿液标本采集、保存方法,认识尿液的物理性质。

(2)尿液的检查内容有尿比重的测定、尿液的化学检查和尿沉渣检查,认识各项尿液检查的操作方法、步骤和临床意义。

复习思考题

1. 尿液采集的方法有哪些?有何优缺点?
2. 查阅相关资料,简述尿比重测定的临床意义。
3. 简述尿液化学检查的内容。
4. 尿液化学检查的原理是什么?尿液的无机沉渣有哪些,有何临床意义?
5. 尿液的有机沉渣有哪些,有何临床意义?

任务三　粪便检查

粪便检查是兽医临床上了解消化系统病理变化的一种辅助方法。其检查目的在于了解消化道及与消化道相通的肝、胆、胰等器官有无炎症、出血、寄生虫感染等疾病,了解胰腺和肝胆系统的消化与吸收功能状况。临床上粪便的一般性状检查只能粗略推断病因;潜血检验对消化道出血性疾病是必不可少的内容;用显微镜检查粪便,对分析腹泻的原因和肠道寄生虫病的诊断具有重要价值。

学习目标

1. 掌握粪便的酸碱度测定和粪潜血检验方法;
2. 能用显微镜对粪便混杂物及粪中寄生虫虫卵进行观察。

技能一 粪便化学检查

【技能目标】

掌握粪便 pH 的测定方法和潜血检验方法。

【材料与设备】

动物粪便，pH 试纸，冰醋酸，联苯胺，过氧化氢，蒸馏水。

【内容与方法】

一、粪便酸碱度测定

一般用 pH 试纸法测定粪便的 pH。取新鲜粪便(从粪的内外各层采取)2～3 g，置试管或小烧杯中，加中性蒸馏水 8～10 mL，混匀后，用精密 pH 试纸测定。

二、粪便潜血检验

1. 操作方法

用干净的竹制镊子在粪便不同层次选取绿豆大小的粪块，于干净载玻片上涂成直径约 1 cm 的范围(干粪可加少量蒸馏水调和涂布)。然后将载玻片在酒精灯上缓慢通过数次(破坏粪中的酶类)，待载玻片冷后，滴加联苯胺冰醋酸约 1 mL 及新鲜过氧化氢溶液 1 mL，用牙签搅动混合。将载玻片放在白纸上观察。

2. 结果判定

正常无潜血的粪便不呈现颜色反应；呈现蓝色反应的为潜血阳性，蓝色出现越早，表明粪便里的潜血越多(表 2-10)。

表 2-10 粪便潜血检验判定

符号	蓝色开始出现的时间/s	符号	蓝色开始出现的时间/s
±	60	++	15
+	30	+++	3

技能二 粪便显微镜检查

【技能目标】

掌握粪便显微镜检查的方法。

【材料与设备】

(1)器材　镊子，竹签，载玻片，盖玻片，显微镜。

(2)试剂　生理盐水或蒸馏水，醋酸液或0.01%伊红氯化钠染液或稀碘液或苏丹Ⅲ染液。

(3)待检粪便。

【内容与方法】

一、标本制备

取不同层次的粪便，混合后取少许置于洁净载玻片上或以竹签直接挑粪便中可疑部分置于载玻片上，加少量生理盐水或蒸馏水，涂成均匀薄层，以能透过书报字迹为宜。必要时可滴加醋酸液或选用0.01%伊红氯化钠染液、稀碘液、苏丹Ⅲ染液。涂片制好后，加盖片，先用低倍镜观察全片，后用高倍镜检验。

二、饲料残渣检查

1. 脂肪球和脂肪酸结晶

脂肪球为大小不等、正圆形的小球，有明显折射性，特点为浮在液面，来回游动。脂肪酸结晶多呈针状，苏丹Ⅲ染色呈红色。粪中见到大量脂肪球、脂肪酸结晶与摄入的脂肪不能完全分解和吸收，或胆汁及胰液分泌不足有关。

2. 植物细胞

植物细胞常在粪中多量出现，形态多种多样，呈螺旋形、网状、花边形、多角形或其他形态。特点是在吹动标本时，易转动变形。植物细胞无临床意义，但可了解胃肠消化能力的强弱。

3. 淀粉颗粒

淀粉颗粒一般为大小不匀、一端较尖的圆形颗粒，也有圆形或多角形的，有同心层构造。用稀碘液染色后，未消化的淀粉颗粒呈蓝色，部分消化的呈棕红色。粪便中发现大量的淀粉颗粒，表明消化机能发生障碍。

4. 肌肉纤维

肌肉纤维呈带状，也有呈圆形、椭圆形或不规则形的，有纵纹或横纹，断端常呈直角形，加醋酸后更清晰，有的可见核，多为黄色或黄褐色。在肉食动物粪便中为正常成分。肌肉纤维过多时，可考虑胰液或肠液分泌障碍及肠蠕动增强。

三、体细胞检查

1. 白细胞及脓细胞

白细胞的形态整齐，数量不多，且分散不成堆。脓细胞形态不整、构造不清晰，数量多而成堆。粪便中发现多量白细胞和脓细胞，表明肠管有炎症或溃疡。

2. 红细胞

粪便中若发现大量形态正常的红细胞，可能为后部肠管出血；有少量散在的形态正常的红细胞，同时又有大量白细胞时，为肠炎；若红细胞较白细胞多，且常堆集，部分有崩坏现象时，是肠管出血性疾病的特征。

3. 上皮细胞

粪便中常可见扁平上皮细胞和柱状上皮细胞。扁平上皮细胞来自肛门附近，形态无显著变化；柱状上皮细胞可由各部肠壁而来，因部位和肠管蠕动的强弱不同而形态有所改变。上皮细胞和粪便混合时一般不易发现，多量出现且伴有多量黏液或脓细胞时，可见于胃肠炎。

4. 吞噬细胞

吞噬细胞比中性粒细胞大3～4倍，呈卵圆形。不规则叶状或伸出伪足呈变形虫样；胞核大，常偏于一侧，圆形，偶见肾形或不规则形；细胞质内可有空泡、颗粒，偶见有被吞噬的细菌、白细胞的残余物；胞膜厚而明显。常与大量脓细胞同时出现，诊断意义与脓细胞相同。

任务小结

本任务主要介绍的内容有两个方面。

(1)粪便酸碱度测定的pH试纸法和粪便潜血检验的联苯胺法的操作方法。

(2)粪便显微镜检查的内容有标本制备、饲料残渣检查和体细胞检查，认识粪便中饲料残渣和各种体细胞的形态和鉴别方法。

复习思考题

1. 简述粪便潜血检验的基本原理。
2. 粪便潜血检验的方法步骤是什么？其结果判断方法及其临床意义是什么？
3. 简述粪便残渣检查内容。

任务四　肝功能检验

肝功能检验是衡量肝脏是否有肝细胞坏死或炎症存在的重要检查，可以反映肝细胞损伤、肝脏排泄功能及肝脏贮备功能。在临床上，肝功能检验仍然是诊断肝脏疾病不可缺少的项目。

学习目标

1. 掌握肝功能检验各项技能的具体方法和操作步骤；
2. 了解肝功能检验的目的和临床意义。

技能一　血清总胆红素测定

【技能目标】

掌握血清胆红素定性测定的操作方法。

【材料与设备】

待检血清，试剂瓶，试管，蒸馏水等。

（1）重（偶）氮试剂　甲液：氨基苯磺酸 1 g，浓盐酸 15 mL，蒸馏水加至 1 000 mL。乙液：亚硝酸钠 0.5 g，蒸馏水加至 100 mL 。临用前，取甲液 5 mL 加乙液 0.15 mL（约 3 滴），混合即成应用液。

（2）95％甲醇或乙醇溶液。

【内容与方法】

一、操作方法

（1）吸取血清（或血浆）1 mL 加入小试管内。

（2）沿管壁慢慢加入重（偶）氮试剂应用液 0.5 mL，使血清与试剂形成叠面，记录时间，观察反应。

二、判定标准

（1）30 s 内叠面出现红色或紫红色环的称为迅速反应；

（2）0.5～1 min 内叠面出现红色或紫红色环的称为双相反应；

（3）1 min 后叠面出现红色或紫红色环的称为迟缓反应；

（4）10 min 后叠面仍不见红色或紫红色环的称为直接反应阴性。

（5）如果直接反应阴性，可将血清与试剂混合，加 95％酒精 5 mL，混合，静置 2～3min，出现红色的称为间接反应阳性，否则，则为间接反应阴性。

技能二　血清蛋白质测定

【技能目标】

掌握血清总蛋白、白蛋白及球蛋白测定的操作方法。

【材料与设备】

待检血清，分光光度计，试剂瓶，试管等。

一、血清总蛋白测定（双缩脲法）

（1）双缩脲试剂　硫酸铜 1.5 g，酒石酸钾钠 6.0 g，分别用蒸馏水溶解后，混匀，再加入 10％氢氧化钠 300 mL，随加随摇，最后加蒸馏水至 1 000 mL。

（2）标准血清蛋白　收集混合血清，用凯氏定氮法定氮，也可用定值参考血清或标准液作标准。

二、血清白蛋白测定(溴甲酚氯法)

(1)琥珀酸缓冲储备液(0.5 mol/L,pH 4.0)　溶解氢氧化钠 10 g,琥珀酸 56 g 于 800 mL 蒸馏水中,用氢氧化钠调 pH 至 4.05～4.15,加水至 1 000 mL。置 4 ℃保存。

(2)溴甲酚氯储备液(10 mmol/L)　溶解溴甲酚氯 1.75 g 于 5 mL 1 mol/L 氢氧化钠中,用蒸馏水 250 mL 稀释。

(3)叠氮钠储备液　叠氮钠 40 g 溶于 1 000 mL 蒸馏水中。

(4)聚氧化乙烯月桂醚储备液　聚氧化乙烯月桂醚 25 g,用 80 mL 蒸馏水加温溶解后,加蒸馏水至 100 mL。

(5)溴甲酚氯试剂　于 1 000 mL 容量瓶中加蒸馏水 40 mL,琥珀酸缓冲储备液 100 mL,溴甲酚氯储备液 8.0 mL,并用蒸馏水将移液管内溴甲酚氯残液洗涤投入容量瓶内,加叠氮钠储备液 2.5 mL,聚氧化乙烯月桂醚储备液 2.5 mL,加蒸馏水至 1 000 mL。配好的液体 pH 为 4.10～4.20。

(6)白蛋白标准液(40 g/L),也可用定值参考血清作白蛋白标准。于 4 ℃保存。

三、球蛋白测定(比浊法)

(1)饱和硫酸镁溶液　将硫酸镁溶于蒸馏水中,边加边搅拌,直到不能再溶解为止,静置,取上清液即可使用。

(2)球蛋白标准液(30 g/L)。

(3)8.5%氯化钠溶液。

【内容与方法】

一、血清总蛋白测定(双缩脲法)

(1)血清总蛋白双缩脲法操作按表 2-11 步骤进行。

表 2-11　血清总蛋白双缩脲法操作步骤　mL

加入物	空白管	标准管	测定管
待检血清	—	—	0.1
标准血清蛋白	—	0.1	—
蒸馏水	0.1	—	—
双缩脲试剂	5.0	5.0	5.0

(2)混匀后室温静置 30min,用 540nm 波长比色,以空白管调零,读取测定管和标准管的光密度。

(3)计算。

$$\text{血清总蛋白(g/L)}=\frac{\text{测定管光密度}}{\text{标准管光密度}}\times\text{标准血清浓度(g/L)}$$

二、血清白蛋白测定(溴甲酚氯法)

(1)血清白蛋白溴甲酚氯法操作按表 2-12 步骤进行。

表 2-12 血清白蛋白溴甲酚氯法操作步骤 mL

加入物	空白管	标准管	测定管
待检血清	—	—	0.02
白蛋白标准液	—	0.02	—
蒸馏水	0.02	—	—
溴甲酚氯试剂	4.0	4.0	4.0

(2)混匀，室温放置 10 min，波长 630 nm 比色，空白调零，读取各管的光密度。

(3)计算。

$$血清白蛋白(g/L)=\frac{测定管光密度}{标准管光密度}\times 标准白蛋白浓度(g/L)$$

三、球蛋白测定(比浊法)

(1)血清球蛋白比浊法操作按表 2-13 步骤进行。

表 2-13 血清球蛋白比浊法操作步骤 mL

加入物	空白管	标准管	测定管
待检血清	—	—	0.05
球蛋白标准液	—	0.05	—
8.5%氯化钠溶液	3.0	2.95	2.95
饱和硫酸镁溶液	3.0	3.0	3.0

(2)混匀，室温放置 10 min，波长 540 nm 比色，空白调零，读取各管的光密度。

(3)计算。

$$血清球蛋白(g/L)=\frac{测定管光密度}{标准管光密度}\times 标准球蛋白浓度(g/L)$$

四、判定标准

动物血清蛋白按表 2-14 判断。

表 2-14 健康动物血清蛋白的数值 g/L

动物	总蛋白	白蛋白	球蛋白	白蛋白/球蛋白
马	55～79	25～38	24～46	0.7～1.9
牛	62～82	28～39	29～49	0.6～1.3
猪	58～83	23～40	29～60	0.4～0.7
山羊	61～74	23～36	27～44	0.6～1.1
绵羊	59～78	27～37	32～50	0.4～0.8
犬	55～75	26～40	21～37	0.7～1.9
猫	57～80	24～37	24～47	0.6～1.2

技能三 血清谷丙转氨酶活力测定

【技能目标】

掌握血清谷丙转氨酶活力测定的操作方法。

【材料与设备】

待检血清，分光光度计，试剂瓶，量瓶，试管等。

(1)谷丙转氨酶基质液　精确称取 α-酮戊二酸 29.2 mg、丙氨酸 1.78 g，放于 100 mL 量瓶内，先加 pH 7.45 的磷酸盐缓冲液约 30 mL，再加当量氢氧化钠 0.5 mL，完全溶解后，再以 pH 7.45 的磷酸盐缓冲液加至 100 mL 刻度处，加氯仿数滴防腐，存放冰箱内备用。此基质液的 pH 应为 7.4，可用 1 周。

(2)2,4-二硝基苯肼溶液　称取 2,4-二硝基苯肼 19.8 mg，加入当量盐酸 100 mL，混合均匀，待完全溶解后，过滤，贮于棕色瓶保存。

(3)0.4mol/L 氢氧化钠溶液　称取氢氧化钠 16 g，加水溶解至 1 000 mL，用草酸溶液标定后使用。

(4)磷酸盐缓冲液(pH 7.4)

甲液：1/15 mol/L 磷酸氢二钠溶液　称取磷酸氢二钠(Na_2HPO_4)9.47 g(或 $Na_2HPO_4 \cdot 12H_2O$,23.87g)，溶于蒸馏水中，使成 1 000 mL。

乙液：1/15 mol/L 磷酸二氢钾溶液　称取磷酸二氢钾(KH_2PO_4) 9.078 g，溶于蒸馏水中，使成 1 000 mL。

取甲液 825 mL，乙液 175 mL，混合，其 pH 应为 7.4。

(5)丙酮酸标准液(1 mL=2 mol)　精确称取丙酮酸钠 22 mg，置于 100 mL 量瓶中，加缓冲液至刻度处。

(6)丙酮酸标准曲线　绘制按表 2-15 进行。

表 2-15　丙酮酸标准曲线操作步骤　　mL

试剂＼试管	1	2	3	4	5	6
丙酮酸标准液	—	0.05	0.1	0.15	0.2	0.25
谷丙转氨酶或谷草转氨酶基质液	0.5	0.45	0.4	0.35	0.3	0.25
磷酸盐缓冲液	0.1	0.1	0.1	0.1	0.1	0.1
37 ℃　10 min						
2,4-二硝基苯肼溶液	0.5	0.5	0.5	0.5	0.5	0.5
37 ℃　20 min						
0.4 mol/L 氢氧化钠溶液	5	5	5	5	5	5

混匀，用波长 520 nm 滤光板比色，以空白管调零点，读取各管光密度。以浓度为横坐标，光密度为纵坐标，绘成标准曲线。

【内容与方法】

一、操作方法

(1)血清谷丙转氨酶活力测定按表 2-16 的步骤操作。

表 2-16　血清谷丙转氨酶活力测定操作步骤　mL

加入物	空白管	测定管
血清	0.1	0.1
谷丙转氨酶基质液	—	0.5
混匀,37 ℃,水浴 60 min		
谷丙转氨酶基质液	0.5	—
2,4-二硝基苯肼溶液	0.5	0.5
混匀,37 ℃,水浴 20 min		
0.4 mol/L 氢氧化钠溶液	5.0	5.0

(2)混匀,放置 5 min,用波长 520 nm 滤光板比色,以空白管调零点,读取光密度。

(3)计算

①以空白管调“0”点,可直接查标准曲线。

②以蒸馏水调“0”点时,须从测定光密度中减去空白光密度,再查标准曲线。

二、正常参考值

马(8±6) U,乳牛(16±8) U,水牛(36.65±27.36) U。

技能四　血清谷草转氨酶活力测定

【技能目标】

掌握血清谷草转氨酶活力测定的操作步骤。

【材料与设备】

待检血清,分光光度计,试剂瓶,量瓶,试管等。

(1)谷草转氨酶基质液(pH 7.4)　精确称取 *DL*-天门冬氨酸 2.66 g 及 α-酮戊二酸 29.2 mg,放于烧杯内,加当量氢氧化钠溶液 20.5 mL,溶解后,置入 100 mL 量瓶中,加 pH 7.4 缓冲液至刻度处。

(2)其他试剂与谷丙转氨酶活力测定相同。

【内容与方法】

除基质液不同外,其他均与谷丙转氨酶活力测定相同。

正常参考值见表 2-17。

表 2-17　常见家畜血清谷草转氨酶活力正常值　　mL

家畜种类	测定头数	数值范围/(U/L)	测定者
马(公)	69	397.06±81.44	马"急性肠炎"研究所
马(母)	32	328.48±62.5	马"急性肠炎"研究所
空怀母驴	—	444.2±72.18	西北地区妊娠毒血症协作组
怀骡母驴	—	504.9±106.36	西北地区妊娠毒血症协作组
水牛	59	76.98±33.86	江苏农学院

任务小结

本任务主要介绍肝功能检验四个方面的内容：血清总胆红素测定，血清蛋白质测定，血清谷丙转氨酶活力测定，血清谷草转氨酶活力测定。

复习思考题

1. 简述测定血清蛋白质的操作方法。
2. 简述测定血清谷草转氨酶活力的操作方法。

任务五　血液化学检验

通过本任务的学习，掌握血清中的葡萄糖、钾、钠、钙、镁、氯化物、无机磷的测定方法及注意事项，为临床诊断提供依据。

学习目标

1. 掌握血糖、血清钾、血清钠、血清钙和血清镁的测定方法；
2. 掌握血清氯化物、血清无机磷的测定方法；
3. 掌握血浆二氧化碳结合力的测定方法；
4. 掌握血清碱性磷酸酶、血液非蛋白氮测定方法。

技能一　血液葡萄糖测定

【技能目标】

掌握费林-吴宪氏法测定血糖浓度的方法。

【材料与设备】

待检血液，分光光度计，试剂瓶，烧杯，试管，蒸馏水等。

(1)0.25%苯甲酸溶液　取苯甲酸 2.5 g，溶于煮沸蒸馏水 1 000 mL 中。冷却后，使用时吸取上清液。本品为防腐剂，放在冷暗处，可较久地保存。

(2)葡萄糖标准储备液(1 mL 含 10 mg 葡萄糖)　取少量化学纯葡萄糖，置硫酸或氯化钙干燥器内过夜后，精确称取已干燥葡萄糖 1 g，置于 100 mL 量瓶中，加 0.25%苯甲酸溶液至刻度，混匀使之完全溶解。

(3)葡萄糖标准使用液(1 mL 含 0.1 mg 葡萄糖)　取葡萄糖标准储备液 5 mL，置 500 mL 量瓶中，加 0.25%苯甲酸溶液至刻度处混匀。此液至少可保存半年。

(4)碱性硫酸铜溶液　无水碳酸钠(化学纯)40 g、酒石酸(化学纯)7.5 g、结晶硫酸铜(化学纯)4.5 g、蒸馏水。配法：先将无水碳酸钠溶于 400 mL 蒸馏水中；酒石酸溶于 300 mL 蒸馏水中，硫酸铜溶于 200 mL 蒸馏水中；均可加热助溶。待各液完全溶解，冷却后，依次倾入 1 000 mL 量瓶中，混匀，补加蒸馏水至刻度。此试剂如明显呈蓝色，尤其是较深的蓝色，则不能使用。

(5)磷钼酸试剂　氢氧化钠 40 g、钼酸(化学纯)70 g、钨酸钠(化学纯)10 g、浓磷酸(浓度 85%，相对密度 1.71)250 mL、蒸馏水。配法：将氢氧化钠溶于约 800 mL 蒸馏水中，再加入钼酸和钨酸钠。为除去钼酸内可能存在的残氮，煮沸 20～50 min 至容器内无氨气为止，冷却后，倾入 1 000 mL 量瓶中，并以少量蒸馏水冲洗原容器壁，一并倾入量瓶。加入浓磷酸，最后加蒸馏水稀释至刻度。滤过，装于棕色瓶中，避光保存备用。此液应为无色或极淡绿色溶液。如保存不当，而变为黄绿色或蓝色，表示本身已被还原，不能使用。

(6)10%钨酸钠溶液　此液应为中性，如过酸或过碱，可用 0.1 mol/L 硫酸或 0.1 mol/L 氢氧化钠液校正。

(7)2∶1硫酸溶液　取浓硫酸溶液 2 份加蒸馏水 1 份，混合即得。

【内容与方法】

一、操作方法

(1)制备无蛋白血滤液 50 mL。制备时常用钨酸钠法。其步骤是：取小烧杯 1 个或大试管 1 支，先盛蒸馏水 7 mL，再加入新鲜抗凝血 1 mL，充分混匀，使之溶血。然后，加入 10%钨酸钠溶液 1.0 mL，混匀。最后，徐徐加入 2∶1 硫酸溶液 1 mL，随加随摇，充分混匀。放置 5～10 min 后，用优质滤纸过滤或离心沉淀，即可获得无色清亮无蛋白血滤液，以备使用。

此法所得无蛋白血滤液近中性，不仅适用于葡萄糖的测定，还可用于非蛋白氮、尿素氮、肌酐等的测定。

(2)取血糖测定管 3 支，分别标明空白管、标准管及测定管，按表 2-18 步骤操作。

表 2-18 血糖测定操作步骤 mL

加入物	空白管	标准管	测定管
无蛋白血滤液	—	—	2
葡萄糖标准使用液	—	2	—
蒸馏水	2	—	—
碱性硫酸铜溶液	2	2	2

混合后，于沸水中煮沸 8 min(严守时间)，取出后浸于冷水 2～3 min(不可摇动)，分别于空白管、标准管、测定管中加入磷钼酸试剂各 2 mL。混合后，于室温下静置 2min，再分别于 3 个管中加蒸馏水至 25 mL。混匀，待管内二氧化碳逸出后比色。选用 620nm 滤光板比色，读取各管光密度。

二、计算

$$葡萄糖(mg/dL)=\frac{测定管光密度}{标准管光密度}\times 0.2\times\frac{100}{0.2}$$

单位转换：(葡萄糖)mmol/L＝mg/dL×0.055 51

三、注意事项

(1)血糖测定管必须符合标准，否则不能使用。

(2)试剂若已变质应废弃，重新配制。例如，碱性硫酸铜溶液有黄色沉淀，或磷钼酸试剂变为蓝色均表示已变质，应重新配制。

(3)血液标本必须新鲜，不能放置过久，否则血糖易分解，致使血糖偏低。如不能及时测定，则应先制成无蛋白血滤液后，放冰箱内保存。

四、正常参考值

常见动物血糖正常值见表 2-19。

表 2-19 常见动物正常血糖值 mg/dL

动物种类	血糖正常值		动物种类	血糖正常值	
	范围	平均值		范围	平均值
黄牛	77.0～115.0	97.0	犬	80.0～165.0	110.0
水牛	51.9～85.6	79.4	猫	60.0～145.0	114.0
奶牛	45.0～130.0	89.0	鸡	152.0～182.0	167.0
牦牛	37.8～57.13	47.5	兔	128.0～135.0	—
绵羊	55.0～131.0	80.0	马	65.0～135.0	106.0
山羊	43.0～100.0	72.0	骡	56.9～110.0	83.8
猪	60.0～136.0	90.0	驴	65.0～86.5	46.5

技能二 血清钾测定

【技能目标】

学会用四苯硼钠比浊法测定血清中钾的含量。

【材料与设备】

待检血清，分光光度计，离心机，刻度吸管、试管、蒸馏水等。

(1)缓冲液　甲液：0.2 mol/L 磷酸氢二钠溶液　称取磷酸氢二钠 7.16 g，溶于 100.0 mL 蒸馏水中。乙液：0.1 mol/L 枸橼酸溶液　枸橼酸 2.1 g，溶于 100.0 mL 蒸馏水中。使用时取甲液 19.45 mL，加乙液 0.55 mL 混合而成。

(2)1% 四苯硼钠溶液　称取四苯硼钠 1.0 g，溶于 20 mL 缓冲液中，加重蒸馏水至 100.0 mL。

(3)钾标准储备液(1 mL=2 mg 钾)　精确称取干燥硫酸钾 0.446 g，置于 100.0 mL 容量瓶中，用重蒸馏水溶解并稀释至刻度。

(4)钾标准使用液(1 mL=0.02 mg 钾)　吸取钾标准储备液 1 mL，置于 100.0 mL 容量瓶中，以重蒸馏水加至刻度。

(5)10%钨酸钠溶液。

(6)1/3 mol/L 硫酸溶液。

【内容与方法】

一、操作方法

(1)在 0.2 mL 血清中加入重蒸馏水 1.4 mL，10%钨酸钠溶液 0.2 mL 及 1/3mol/L 硫酸溶液 0.2 mL，混匀。离心沉淀，取得无蛋白上清液，按表 2-20 操作。

表 2-20　血清钾测定操作步骤　　mL

加入物	空白管	标准管	测定管
无蛋白上清液	1.0	—	—
钾标准使用液	—	1.0	—
重蒸馏水	—	—	1.0
1%四苯硼钠溶液	4.0	4.0	4.0
混匀，5 min 后用 250 nm 滤光板进行光电比色，以空白管校正光密度到“0”点，分别读取各管读数			

(2)计算

$$血清钾(mg/dL)=\frac{测定管光密度}{标准管光密度}\times 0.02\times\frac{100}{0.1}$$

单位转换(血清钾)：1 mmol/L=0.025 58 mg/dL

二、注意事项

(1)红细胞内的钾离子比血清内的含量高约20倍,因此,血清不能稍有溶血,否则会导致很大的误差,采血后趁血液未凝固之前,离心将红细胞除掉,待血浆凝固,分离血清。

(2)四苯硼钠的质量直接影响检验结果,应选择外观洁白、溶解度高、溶解后溶液清晰者。溶液最好经常更新。

三、正常参考值

几种常见动物血清中钾、钠含量见表2-21。

表2-21 几种常见动物血清中钾、钠含量 mmol/L

动物种类	血清钾(K^+)	血清钠(Na^+)
牛	4.60(4.09～5.88)	154.43(141.38～165.30)
马	3.33(2.81～3.58)	148.77(145.73～152.25)
猪	5.88(4.86～5.88)	154.43(141.38～160.95)
犬	4.60(3.84～4.86)	156.60(147.90～165.30)
猫	3.07(2.81～4.09)	154.86(143.55～169.65)
家兔	4.09(2.81～5.12)	157.91(152.25～163.13)

技能三 血清钠测定

【技能目标】

学会用乙酸铀镁试剂法测定血清中钠的含量。

【材料与设备】

待检血清,分光光度计,离心机,容量瓶,试管,蒸馏水等。

(1)乙酸铀镁试剂 ①取乙酸铀4 g,乙酸镁15 g,冰醋酸15 mL,加入蒸馏水75 mL,煮沸2 min,冷却后加蒸馏水至100 mL;②将上清液移入500 mL容量瓶中,无水乙醇加至500 mL,混匀,冰箱过夜。除去微量沉淀,上清液保存于棕色瓶中。

(2)1%乙酸液 乙酸1 mL,蒸馏水99 mL。

(3)10%亚铁氰化钾液。

(4)钠标准储备液(1 000 mmol/L) 精确称取干燥氯化钠5.845 g于100 mL容量瓶中,加蒸馏水至刻度。

(5)钠标准使用液Ⅰ(150 mmol/L) 精确吸取储备液15 mL于100 mL容量瓶,加水至刻度。

(6)钠标准使用液Ⅱ(250 mmol/L) 精确吸取储备液25 mL于100 mL容量瓶中,加水至刻度。

【内容与方法】

一、操作方法

(1)具体方法见表 2-22。

表 2-22　血清钠测定法操作步骤　　mL

加入物	空白管	标准管	测定管
血清	—	—	0.1
钠标准使用液Ⅰ	—	0.1	—
钠标准使用液Ⅱ	0.1	—	—
乙酸铀镁试剂	5	5	5
充分混匀，使生成沉淀，室温静置 10min，离心			
上清液	0.2	0.2	0.2
1%乙酸液	8	8	8
10%亚铁氰化钾液	0.4	0.4	0.4
混匀，5～30 min 内在 520 nm 处比色，以空白管调零，读取各管光密度			

(2)计算

$$钠(mmol/L)=250-\frac{测定管光密度}{标准管光密度}\times 100$$

二、正常参考值

常见动物血液中钠的含量，见技能二血清钾的测定章节表 2-20，几种常见动物血清中钾、钠含量。

技能四　血清氯化物测定

【技能目标】

掌握硝酸汞滴定法进行血清氯化物的测定方法。

【材料与设备】

待检血清，烧杯，试管，容量瓶，蒸馏水，95%乙醇，乙醚等。

(1)氯化钠标准液　取氯化钠(AR)少许置小烧杯中，于 110～120 ℃干燥 3 h，取出立即放入硫酸干燥器内，待冷却后，精确称取 250 mg 盛于 500 mL 容量瓶中，加蒸馏水至 500 mL，混匀备用。

(2)硝酸汞标准液　称取硝酸汞 0.75 g，置于 1 000 mL 三角烧瓶中，加 1 mol/L 硝酸

40 mL，溶解后加蒸馏水至 1 000 mL，再按下述方法标定并校正。

(3)0.5%二苯卡巴腙指示剂　取二苯卡巴腙 0.5 g，溶于 95%乙醇 100 mL 内，盛棕色滴瓶中，可保存一个月。

标定方法：取氯化钠标准液 2.0 mL 于大试管中，加二苯卡巴腙指示剂 1 滴，乙醚 0.5 mL，以新配制的硝酸汞标准液滴定，至乙醚层出现淡紫红色时即为终点，用去的硝酸汞标准液量应恰为 2 mL，否则应予调整至 2 mL 为止。

【内容与方法】

一、操作方法

(1)取中试管 1 支，准确加入血清 0.1 mL，乙醚 0.5 mL，二苯卡巴腙 1 滴，振荡。

(2)以 1 mL 刻度吸管取硝酸汞标准液滴定，边滴边振，至乙醚层出现淡紫红色振荡不退时为止。记录硝酸汞标准液的用量。

(3)计算。

$$\text{氯化钠(mg/dL)}=\text{硝酸汞标准液用量}\times 0.5\times\frac{100}{0.1}=\text{硝酸汞标准液用量}\times 500$$

血清氯化物也可以氯离子计算，其换算关系如下：

$$\text{氯(mg/dL)}=\text{氯化物(mg/dL)}\times 0.606$$

二、正常参考值

血清氯化物正常值在 500～750 mg/dL，各地测定的数值见表 2-23。

表 2-23　几种动物的血清氯化物正常值　　mg/dL

动物种类	测定数量/头	变动范围 平均值±标准差	测定单位
马	51	575.49±716.57	山西忻县地区胃肠炎协作组
骡	35	572.02±718.38	山西忻县地区胃肠炎协作组
黄牛	33	581.66±222.40	甘肃农业大学
水牛	161	574.51±91.90	南京农业大学
猪	154	456.36±72.46	南京农业大学

三、注意事项

(1)本法宜于弱酸性(pH 6 左右)及中性溶液中测定，如溶液偏碱性，则加入指示剂后呈肉红色，可加入 0.05 mol/L 硝酸数滴，待肉红色消退后再进行滴定。当溶液过酸(pH 低于 4)时，反应终点不明显。

(2)由乙醚层观察终点很明显，尤其对黄疸标本的测定结果更为可靠。夏天如室温太高，乙醚挥发太快，可酌情增加乙醚用量。

技能五　血清钙测定

【技能目标】

掌握 EDTA-Na_2 滴定法测定血清钙的方法。

【材料与设备】

待检血清，试管，试管架，蒸发皿，烧杯，容量瓶，电子天平，记号笔，离心机，干燥箱，玻璃棒，滴定管，滴定架等。

(1)钙标准液(1 mL 相当于 0.1 mg 钙)　取少量碳酸钙置于蒸发皿中，于 110～120 ℃干燥 2～4 h，移入硫酸干燥器中冷却。精确称取干燥碳酸钙 250 mg 于烧杯中，加蒸馏水 40 mL 及当量盐酸 5 mL 溶解，移入 1 L 容量瓶，以蒸馏水清洗烧杯数次，洗液一并倾入容量瓶，加蒸馏水稀释至 1 L。

(2)乙二胺四乙酸二钠(EDTA-Na_2)溶液　称取 EDTA-Na_2 150.0 mg 溶解于 1 mol/L 氢氧化钠溶液 2 mL 中，加蒸馏水，定容至 1 L。

(3)钙红指示剂　称取钙红 0.1 g 溶于甲醇 20 mL 中。

(4)0.2 mol/L 氢氧化钠溶液。

【内容与方法】

一、测定方法

EDTA-Na_2 滴定法测定血清钙的操作步骤见表 2-24。

表 2-24　EDTA-Na_2 滴定法测定血清钙的操作步骤　　mL

加入物	空白管	标准管	测定管
血清	—	0.2	—
钙标准液	—	0.2	—
蒸馏水	0.2	—	—
0.2 mol/L 氢氧化钠溶液	1.0	1.0	1.0
分别加钙红指示剂 1 滴，立即用 EDTA-Na_2 溶液滴定，至溶液呈浅蓝色为止，记录各管所消耗的 EDTA-Na_2 量			

二、计算

$$钙(mg/dL)=\frac{测定管用量-空白管用量}{标准管用量-空白管用量}\times 0.02\times \frac{100}{0.2}$$

三、正常参考值

健康动物血清钙参考值见表 2-25。

表 2-25 常见健康动物血清钙正常值 mg/dL

动物种类	平均值	变动范围	测定方法
公牛	11.61	11.42～11.85	EDTA 法
山羊		10.30±0.70	
母猪		10.11±1.08	
犬		10.16±2.04	
猫		8.22±0.97	
马	10.63	9.33～11.93	EDTA 法

技能六 血清无机磷测定

【技能目标】

学会磷钼酸比色法测定血清无机磷的方法。

【材料与设备】

待检血清，离心机，分光光度计，试剂瓶，试管，蒸馏水等。

(1)10％三氯醋酸溶液。

(2)磷酸盐标准储备液(1 mL＝0.1 mg 磷) 精确称取无水纯磷酸二氢钾 0.438 9 g，溶于 1 000 mL 蒸馏水中，加氯仿数滴以防生霉。

(3)磷酸盐标准使用液(1 mL＝0.01 g 磷) 取磷酸盐标准储备液 10.0 mL，加蒸馏水稀释至 100.0 mL。

(4)钼硫酸试剂 7.5％钼酸钠溶液 50 mL 与 5 mol/L 硫酸溶液 50 mL 混匀备用。

(5)氯化亚锡储备液 氯化亚锡 10.0 g，溶解于 25.0 mL 浓盐酸中，贮存于棕色瓶中，置冰箱保存。

(6)氯化亚锡使用液 取氯化亚锡储备液 1.0 mL，加蒸馏水稀释至 200.0 mL，宜新鲜配制。

【内容与方法】

一、操作方法

(1)采血后迅速分离血清，取血清 1.0 mL，加 10％三氯醋酸 4.0 mL，混匀，静置 1～2 min 后，过滤，即得无蛋白血滤液。每 2 mL 滤液中含血清 0.4 mL。操作步骤见表 2-26。

表 2-26 血清无机磷测定操作步骤 mL

加入物	空白管	标准管	测定管
无蛋白血滤液	—	—	2.0
磷酸盐标准使用液	—	2.0	—
蒸馏水	7.0	5.0	5.0
混匀			
钼硫酸试剂	2.0	2.0	2.0
氯化亚锡使用液	1.0	1.0	1.0
立即混匀，静置 1 min，用 640 nm 滤光片，以空白管校正光密度至“0”，分别测定各管光密度			

(2)计算

$$\text{血清无机磷(mg/dL)}=\frac{\text{测定管光密度}}{\text{标准管光密度}}\times 0.02\times\frac{100}{0.4}$$

二、正常参考值

健康动物的血清无机磷在 3～9 mg/dL，各地报道的正常值见表 2-27。

表 2-27 健康动物血清无机磷含量 mg/dL

动物种类	测定数量/头	变动范围 平均值±标准差	测定单位
马	32	4.43±2.44	甘肃农业大学
骡	30	3.30±2.30	甘肃农业大学
驴	32	5.55±1.98	甘肃农业大学
黄牛	40	6.96±3.37	甘肃农业大学
水牛	65	5.28 ±1.27	南京农业大学
绵羊	40	3.78±0.78	内蒙古农业大学
猪	160	6.30±1.43	南京农业大学

技能七 血清镁测定

【技能目标】

学会钛黄比色法测定血清镁含量的方法。

【材料与设备】

待检血清，分光光度计，试剂瓶，试管，蒸馏水等。

(1)0.1 mol/L NaOH 溶液　取 NaOH 4 g，加水溶解，再加蒸馏水至 1 000 mL。

(2)2.5 g/L 钛黄储备液　取钛黄 0.25 g 溶于蒸馏水并加至 100 mL，贮于棕色瓶中，室温下可保存 2 个月。

(3)250 mg/L 钛黄使用液　取上述储备液 10 mL,加蒸馏水 90 mL,贮于棕色瓶中,室温下可保存 1 个月。

(4)50 mmol/L 镁标准储备液　取无水硫酸镁(AR)0.602 g,溶于蒸馏水并加至 100 mL。

(5)1 mmol/L 镁标准使用液　取上述储备液 2 mL 加蒸馏水至 100 mL。

【内容与方法】

(1)取试管 3 支分别标明“空白”“标准”及“测定”。按表 2-28 步骤操作。

表 2-28　钛黄比色法测定血清镁含量操作步骤　　mL

加入物	空白管	标准管	测定管
待测血清	—	—	0.2
镁标准使用液	—	0.2	—
蒸馏水	0.2	—	—
钛黄使用液	1.3	1.3	1.3
混匀			
0.1 mol/L NaOH 溶液	3.5	3.5	3.5
混匀,放置 15 min,于分光光度计 540nm 波长处进行比色,以空白管调零,读取各管吸光度			

(2)计算。

血清镁(mmol/L)=测定管吸光度/标准管吸光度

技能八　血清碱性磷酸酶测定

【技能目标】

学会磷酸苯二钠法测定血清碱性磷酸酶的方法。

【材料与设备】

待检血清,分光光度计,容量瓶,比色杯,蒸馏水等。

(1)0.1 mol/L 碳酸盐缓冲液(pH 10.0)　溶解无水碳酸钠 6.36 g、碳酸氢钠 3.36 g、4-氨基安替比林 1.5 g 于 800 mL 蒸馏水中,将此溶液转入 1 000 mL 容量瓶中,加蒸馏水至刻度,置棕色瓶中贮存。

(2)20 mmol/L 磷酸苯二钠溶液　先将 500 mL 蒸馏水煮沸,迅速加入磷酸苯二钠 2.18 g(磷酸苯二钠如含 2 分子结晶水,则应称取 2.54 g)。冷却后加氯仿 2 mL,防腐,置冰箱保存。

(3)铁氰化钾溶液　分别称取铁氰化钾 2.5 g,硼酸 17 g,各溶于 400 mL 蒸馏水中,二液混合后,加蒸馏水至 1 000 mL,置棕色瓶中避光保存。

(4)酚标准储备液(1 mg/mL)　购买商品标准液或自行配制,其方法是将重蒸馏苯酚 1.0 g 于 0.1 mol/L 盐酸中,并稀释至 1 000 mL。

(5)酚标准使用液(0.05 mg/mL)　酚标准储备液 5 mL,加蒸馏水至 100 mL。只能保存 2～3 d。

【内容与方法】

一、校正曲线的制作

校正曲线按表 2-29 步骤操作。

表 2-29 校正曲线的制作步骤 mL

试剂 \ 试管	0	1	2	3	4	5
酚标准使用液	—	0.2	0.4	0.6	0.8	1.0
蒸馏水	1.1	0.9	0.7	0.5	0.3	0.1
0.1 mol/L 碳酸盐缓冲液	1.0	1.0	1.0	1.0	1.0	1.0
铁氰化钾溶液	3.0	3.0	3.0	3.0	3.0	3.0
相当于金氏单位	0	10	20	30	40	50

立即混匀，在波长 510 nm，以零号管调零点，读取各管吸光度，并和相应单位绘制校正曲线。

二、标本的测定

取 16 mm×100 mm 试管按表 2-30 进行编号与测定。

表 2-30 血清碱性磷酸酶测定步骤 mL

加入物	空白管	测定管
血清	—	0.1
0.1 mol/L 碳酸盐缓冲液	1.0	1.0
37 ℃水浴 5 min		
20 mmol/L 磷酸苯二钠溶液(预温至 37 ℃)	1.0	1.0
混匀，37 ℃水浴准确保温 15 min		
铁氰化钾溶液	3.0	3.0
血清	0.1	—
立即混匀，于 510 nm 波长处比色，比色杯光径为 1.0 cm，用蒸馏水调零，读取各管吸光度。以测定管与空白管吸光度之差值查校正曲线，得酶活性		

三、注意事项

(1)铁氰化钾溶液中加入硼酸有稳定显色作用，此液应避光保存，如出现蓝绿色即弃去。

(2)基质中不应含游离酚，如空白管显红色说明磷酸苯二钠已开始分解，应弃去不用。

技能九 血浆二氧化碳结合力测定

【技能目标】

学会血浆二氧化碳结合力测定的方法。

【材料与设备】

实验动物，采血器，试剂瓶，试管，离心机，蒸馏水等。

(1)0.05%酚红氯化钠溶液　称取酚红 500 mg 于烧杯中，加 0.1 mol/L 氢氧化钠 14.1 mL 及蒸馏水约 300 mL，加热煮沸溶解。冷后加氯化钠 8.5 g，并加蒸馏水至 1 000 mL，过滤，贮棕色瓶中。本试剂应呈微黄至红色。

(2)0.01 mol/L 盐酸氯化钠溶液　氯化钠 8.5 g，1 mol/L 盐酸 10.0 mL，蒸馏水加至 1 000 mL。此液应予以标定。

(3)0.01 mol/L 氢氧化钠溶液　氯化钠 8.5 g，1 mol/L 氢氧化钠 10.0 mL，蒸馏水加至 100 mL，此液应予以标定。

(4)生理盐水(中性)液。

(5)乙醚。

【内容与方法】

(1)于草酸钾抗凝管中加入中性液体石蜡 0.5 mL，采取静脉血 2～3 mL，注入上述试管中，混匀。

(2)离心沉淀，分离血浆。

(3)另取口径、厚度相同的试管 3 支，按表 2-31 步骤操作。

表 2-31　血浆中二氧化碳结合力测定步骤　　mL

加入物	空白管	测定管 1	测定管 2
0.05%酚红氯化钠溶液	0.1	0.1	0.1
3 支试管所显颜色应一致，其红色既不加深又不变黄，否则表示试管不洁，应换试管			
血浆	—	0.1	0.1
0.01 mol/L 盐酸氯化钠溶液	0.5	0.5	0.5
剧烈震荡 1 min	不要	要	要
生理盐水(中性)液	2.1	2.0	2.0
乙醚	1 滴	1 滴	1 滴
用 0.01 mol/L 氢氧化钠溶液滴定两支测定管至色泽与空白管一致，分别记录两测定管消耗的氢氧化钠的量，求平均值后计算			

(4)计算

$$每\ 100\ mL\ 血浆中二氧化碳含量=(0.5-氢氧化钠消耗量\times校正系数)\times\frac{100}{0.1}\times0.224$$

0.01 mol/L 氢氧化钠，应予以校正，求得校正系数。其方法是：取 0.01 mol/L 盐酸 1.0 mL 于清洁试管中，加入酚红指示剂 0.1 mL，中性生理盐水 2.0 mL，以 0.01 mol/L 氢氧化钠滴定至微红色，保持 15 s 不褪色为止，以盐酸用量除用去氢氧化钠的量，即为校正系数。例如：

用去氢氧化钠 0.9 mL，则校正系数 $=\frac{1}{0.9}=1.11$

用去氢氧化钠 1.1 mL，则校正系数 $=\frac{1}{1.1}=0.91$

技能十　血液非蛋白氮测定

【技能目标】

学会血液非蛋白氮测定的方法。

【材料与设备】

抗凝全血（不能用草酸铵、草酸钾抗凝血），消化管（硬质玻璃消化管，直径 26 mm，长 200 mm，管壁上有 35 mL 及 50 mL 刻度），玻璃珠，试剂瓶，试管，蒸馏水，浓硫酸等。

（1）硫酸铵标准储备液（1 mL 含 1 mg 氮）　取少量硫酸铵置于 110 ℃干烤箱内，烘烤 30 min 后，取出放入干燥器内冷却。精确称取已干燥硫酸铵 4.716 0 g，置 1 000 mL 容量瓶中，加蒸馏水溶解，再加浓盐酸 1 mL，然后加蒸馏水至 1 000 mL。

（2）硫酸铵标准使用液（1 mL 含 0.03 mg 氮）　吸取硫酸铵标准储备液 3 mL，置 100 mL 容量瓶中，加浓盐酸 0.1 mL，加蒸馏水至 100 mL。

（3）50%硫酸溶液　容器内加蒸馏水 250 mL，再徐徐加入浓硫酸 250 mL（因产热需将容器置于冷水中，并随时搅拌混匀），备用。

（4）碘化汞钾试剂储备液　取碘化钾（化学纯）150 g、碘（化学纯）110 g 及蒸馏水 500 mL 置于三角瓶中，待溶解后，加汞 150 g 用力摇振，当溶液产生高热时，随即将烧瓶浸入流水中继续摇振，直至由红棕色转变为黄绿色为止。将上层黄绿色液倾入 2 000 mL 量筒内，并以蒸馏水洗涤沉淀物数次，洗液一并倾入量筒，加蒸馏水至 2 000 mL，摇匀，必要时过滤，保存于暗处备用。此液可长期保存。

（5）碘化汞钾试剂使用液　取碘化汞钾试剂储备液 150 mL，加 10%氢氧化钠溶液 700 mL，蒸馏水加至 1 000 mL。

【内容与方法】

一、操作方法

取抗凝全血，以钨酸钠法制备无蛋白血滤液后，其操作方法如表 2-32 所示。

表 2-32 血液中非蛋白氮测定方法和步骤 mL

加入物	空白管	标准管	测定管
无蛋白血滤液	0	0	1
硫酸铵标准使用液	0	1	0
50%硫酸溶液	0.2	0.2	0.2
玻璃珠/粒	0	1	1
将测定管置酒精灯上以小火加热消化至管内充满白烟，管底液体颜色由黑色转变为无色透明为止，冷却30 min			
蒸馏水加至	7	7	7
碘化汞钾试剂使用液	3	3	3
混合后，待 10 min，用 480 nm 波长或蓝色滤光板光电比色，空白管校正光密度至“0”点，分别读取各管读数。此项操作应该在 20 min 内完成			

二、计算

$$\text{全血非蛋白氮含量}(\text{mg}/1\,000\ \text{mL})=\frac{\text{测定管光密度}\times 0.03\times 0.1\times 1\,000}{\text{标准管光密度}\times 0.1}$$

式中：0.03 为换算成 1 mL 硫酸铵标准使用液中氮的含量；

0.1 换算成标准样中 1 mL 硫酸铵氮稀释到 10 mL，扩大 10 倍；

1 000 为换算成每 1 000 mL 被检品中全血非蛋白氮含量；

分母中的 0.1 为取 1 mL 无蛋白血滤液，稀释至 10 mL。

部分动物全血非蛋白氮含量正常参考值(mg/100 mL)为：马 20～40，牛 20～40，绵羊 20～38，山羊 30～44，猪 20～45。

任务小结

本任务主要介绍的内容有：①临床诊疗中，动物血液生化检验的常见项目：血糖测定、血清钾测定、血清钠测定(乙酸铀镁试剂法)、血清氯化物的测定、血清钙的测定、血清无机磷的测定(磷钼酸法)、血清镁含量测定(钛黄比色法)、血清碱性磷酸酶测定(磷酸苯二钠法)、血浆二氧化碳结合力的测定、血液非蛋白氮测定；②了解各项检验技术的操作方法。

复习思考题

1. 如何测定血清中葡萄糖含量，有哪些注意事项？
2. 如何测定血清钾含量，在测定中应注意哪些事项？
3. 简述乙酸铀镁试剂法测定血清钠操作方法。
4. 简述硝酸汞滴定法测定血清氯化物的操作步骤。
5. 应用 EDTA-Na_2 滴定法如何测定血清钙的含量？

6. 简述血清无机磷的测定方法。
7. 简述钛黄比色法测定血清镁含量的步骤。
8. 简述血清碱性磷酸酶的测定步骤及注意事项。
9. 简述血浆二氧化碳结合力的测定步骤。
10. 查阅相关资料，简述血浆二氧化碳结合力测定的临床意义。
11. 简述血液非蛋白氮测定步骤。

学习情境三
临床治疗技术

临床治疗技术是指对动物所患疾病治疗过程中所使用的方式方法。掌握常用的临床治疗技术，对提高动物治愈率有着非常重要的意义。常用的临床治疗技术包括：投药技术、注射技术、穿刺术、临床输液疗法、临床常用封闭疗法等。熟练掌握常用临床治疗技术是兽医人员必备的技能之一。

学习目标

1. 掌握不同投药技术，能根据药剂不同选择适合的投药方式，提高药物利用率；
2. 掌握不同部位的各类注射技术，了解其注意事项；
3. 掌握常用穿刺术，能熟练通过穿刺获取病理性样品；
4. 掌握临床输液疗法，能及时纠正水盐代谢紊乱、酸碱平衡紊乱；
5. 了解临床常用封闭疗法，掌握各封闭疗法的操作方法。

任务一 投药技术

投药技术是动物疾病防治过程中的常用技术，根据药物剂型不同，动物不同，投药方法也有所改变。选择适合的投药方式可以提高药物利用率。常见的药剂有水剂、片剂、丸剂、舔剂等，可以直接投喂、拌料饮水等方式给药。

学习目标

1. 掌握水剂投药技术，学习动物保定方式、投药方法。
2. 掌握胃导管投药技术，学习投药方法，学会判断胃导管插入位置是否正确。
3. 掌握片剂、丸剂、舔剂投药技术。
4. 掌握拌料、饮水投药技术。

技能一 水剂投药技术

【技能目标】

掌握水剂药品的投药技术。该技术适用于少量的水剂、散剂及研碎的片剂等加适量的水而制成的溶液、混悬液或中药煎剂等。

【材料与设备】

灌角，灌药瓶（长颈的塑料瓶、橡胶瓶），竹筒（斜口），药匙或不接针头的注射器，开口器，盛药盆等。

【内容与方法】

1. 动物保定

牛、马、羊多站立保定，并抬高头部，使得口角与耳在同一水平线上；小猪、犬、猫多采用提举前肢保定，禽类握住禽的两腿及两翼保定。

2. 投药方法

术者左手从动物右侧口角处伸入口腔，并轻压舌头，右手持盛好药液的灌药瓶或灌角从左侧口角伸入舌背部并抬高，使药液流入口腔灌服即可。反复以上操作，直到灌完为止。

技能二 胃导管投药技术

【技能目标】

掌握胃导管投药技术。该技术主要用于投喂大剂量的药液，还用于人工饲喂、洗胃、抽取胃液、排出胃内容物、食道阻塞时探查、瘤胃排气等操作。

【材料与设备】

开口器，胃导管，漏斗，注射器。

【内容与方法】

1. 动物保定

牛、马、羊多站立保定，猪多侧卧保定，犬、猫多仰卧保定。

2. 胃导管处理

根据动物的种类及大小选取相应口径大小、长度及软硬适宜的橡皮管或塑料管，胃导管要涂布润滑油。

3. 插胃导管方法

胃导管可从口腔或鼻腔经咽部插入食道。经口插入时，应该先给患病动物戴上木质开口器，固定好头部，将涂布润滑油的胃导管经开口器的孔内送入咽喉部，或持胃导管缓慢经鼻腔送至咽喉部。当胃导管前端到达咽部时，会感触到明显阻力，术者可轻微抽动胃导管，促使病畜吞咽，此时随其吞咽动作顺势将胃导管插入食道。

4.判断方法

判断胃导管插入食道还是气管的方法见表3-1。

表3-1 判断胃导管插入食道或气管的鉴别要点

鉴别方法	插入食道内	误入气管内
胃导管送入时的感觉	插入时稍感前方有阻力	无阻力
观察咽、食道及动物的动作	胃导管前端通过咽部时可引起吞咽动作或伴有咀嚼，动物安静	无吞咽动作，可引起剧烈咳嗽，动物表现骚动不安
触摸颈沟部	可摸到胃导管	无
将胃导管后端放入水中	水内无气泡冒出或者出现与呼吸节律无关的气泡	随呼吸动作出现规律性气泡
将胃导管后端放到耳边听	听到不规则的"咕噜"声或水泡声，无气流冲击耳部	随呼吸动作出现有节奏的呼出气流
用鼻嗅诊胃导管后端气味	有胃内酸臭味	无
观察排气与呼气动作	不一致	一致
捏扁橡皮球后再接于胃导管后端	不鼓起	鼓起
向胃导管内充气	随气流进入，颈沟部可见明显波动	不见波动

5.投药方法

将胃导管连接好漏斗，即可进行投药。投药完毕后，折叠胃导管并徐徐向外拔出。安装过开口器的需要卸下开口器。

技能三 片剂、丸剂、舔剂投药技术

【技能目标】

掌握片剂、丸剂、舔剂等药品投药技术。该技术多用于犬、猫、羊等中小型动物，也用于牛、马。

【材料与设备】

舔剂一般可用光滑的木板或竹片，丸剂、片剂可徒手投服，必要时用特制的丸剂投药器。

【内容与方法】

1.动物保定

动物站立保定，并抬高头部，使口角与耳在同一水平线上。

2. 投药方法

所投药物为片剂、丸剂，常用直接经口投服的方法给药；舔剂一般可用光滑的竹片送服。对于个体较小的动物，由于口张不大，可将药物做成指头大小的团块，用食指及拇指夹住送至舌根，也可将头抬高并打开口腔，对准舌根部投入使其咽下。

技能四 拌料、饮水投药技术

【技能目标】

掌握拌料、饮水投药技术。该技术主要用于发病动物尚有食欲、饮欲时，或群体动物发病以及进行药物预防时。

【材料与设备】

饮水器，药品，喂食器。

【内容与方法】

1. 拌料投药

投药时，根据动物的数量、采食量、给药剂量计算出药物和饲料的用量，准确称取后将所用药物先混入少量饲料中，反复拌和，然后用饲料逐级增量拌和，直至将饲料混完。将混好的饲料供动物自由采食。

2. 饮水投药

将药物按照使用剂量，依一定的浓度溶解于水中。要根据标准，准确计算所用药物剂量，如按畜禽每千克体重给药，应严格按照个体体重，计算出畜禽群体体重，再按要求将药物加入饮水中。要特别注意药量过小起不到作用或药量过大引起畜禽中毒的可能。

任务小结

本任务学习了四种投药方式：水剂投药技术，胃导管投药技术，片剂、丸剂、舔剂投药技术，拌料、饮水投药技术。实际操作过程中需要根据不同种类的动物、不同药剂而采用不同的投药技术。

复习思考题

1. 适用于猪、羊等中小型动物的投药方式有哪些？
2. 常见有哪几种投药技术？
3. 如何辨别胃导管插入食道还是气管？

任务二 注射技术

注射技术是使用注射器将药液直接注入动物体内的给药方法。它具有药量小、起效快、避免经口给药麻烦和降低药效的优点。常见的注射方式有:肌内注射、皮下注射、静脉注射、腹腔注射等。各种注射方法都有其注意事项需要重点掌握。

学习目标

1. 学习肌内注射技术,掌握其注意事项和注射手法;
2. 学习皮下注射技术,掌握其注意事项和注射手法;
3. 学习静脉注射技术,掌握不同静脉的注射手法;
4. 学习腹腔注射技术,掌握注射手法和注意事项;
5. 学习气管注射技术,掌握注射手法和注意事项;
6. 学习瓣胃注射技术,能熟练判断瓣胃所在位置,掌握注射手法和注意事项;
7. 学习皱胃注射技术,能熟练判断皱胃所在位置,掌握注射手法和注意事项。

技能一 肌内注射技术

【技能目标】

肌内注射是最常用的注射方法,大部分药物和疫苗都是采用这种注射方式。要熟练掌握肌内注射的方法和注意事项。

【材料与设备】

注射器和针头:根据动物种类和注射部位不同,选择大小适当的注射针头,犬、猫一般选用7号;猪、羊用12号;牛、马用16号,注射药品,无菌持物钳,皮肤消毒液。

【内容与方法】

1.药品准备

根据注射药量多少,选取注射器及针头。当抽吸药液时,先检查药品名称及质量,将安瓿封口端用酒精棉消毒,打去顶端,再将连接针头的注射器插入安瓿的药液中,慢慢抽出针筒活塞吸取药液到针筒中,吸完后排出气泡。

2.注射部位

凡是肌肉丰满的部位均可进行肌内注射,但应注意避开大血管及神经的径路。大动物及犊、驹、羊等多在肩前颈部及臀部;猪在耳根后、臀部或股内侧;禽类在胸肌、翼根内侧肌肉或大腿部肌肉；犬、猫、兔等小动物在背最长肌、股内外侧（但后肢肌内注射，由于疼痛剧烈，可能引起跛行）。

3.术前消毒

注射前需洗手、戴口罩。对被毛浓厚的动物，可先局部剪毛。用棉球蘸2%碘酊消毒注射部位，以注射点为中心向外螺旋式旋转涂擦，待碘液干后用70%乙醇以同法脱碘，待干后方可注射。

4.注射手法

左手的拇指与食指轻压注射局部，右手持注射器，使针头与皮肤垂直，迅速刺入肌肉内。一般刺入2～4 cm（小动物酌减），然后用左手拇指与食指握住露出皮外的针头结合部分，以食指指节顶在皮上，再用右手抽动针管活塞，观察无回血后，即可缓慢注入药液。如有回血，可将针头拔出少许再行试抽，见无回血后方可注入药液。注射完毕，用左手持酒精棉球压迫针孔部，迅速拔出针头。

5.注意事项

（1）强刺激性药物如水合氯醛、钙制剂、浓盐水等，不能肌内注射。

（2）长期进行肌内注射的动物，注射部位应常更换，以减少硬结的发生。

（3）针体一般刺入2/3深度，不宜全部刺入，以防折断。一旦针头和注射器的结合头折断，应立即拔除；如不能拔出时，将动物保定好，进行局部麻醉后，迅速切开注射部位组织，用小镊子、持针钳或止血钳拔出折断的针体。

（4）两种以上药液同时注射时，要注意药物的配伍禁忌，必要时可在不同部位注射。

技能二 皮下注射技术

【技能目标】

易溶解、无强刺激性的药品及疫苗、菌苗、血清、抗蠕虫药（如伊维菌素）等，常采用皮下注射，要熟练掌握皮下注射的方法和注意事项。

【材料与设备】

同肌内注射技术。

【内容与方法】

1.药品准备

同肌内注射技术。

2.注射部位

选择皮肤较薄而皮下疏松的部位。大动物多在颈部两侧；猪在耳根后或股内侧；羊在颈侧、肘后或股内侧；兔在背部皮下；犬、猫在颈侧、背部两侧或股内侧；禽类在翼下。

3. 术前消毒

同肌内注射技术。

4. 注射手法

左手中指和拇指捏起注射部位的皮肤，同时以食指尖压皱褶下陷呈窝，右手持连接针头的注射器，从皱褶基部的陷窝处刺入皮下 2～3 cm，此时如感觉针头无抵抗，且能自由活动时，左手把持针头连接部，右手推压针筒活塞，即可注射药液。如需注射大量药液时，应分点注射。注射完后，左手持酒精棉按住刺入点，右手拔出针头，局部消毒。必要时可对局部进行轻度按摩，促进吸收。

5. 注意事项

刺激性强的药品不能皮下注射，特别是对局部刺激较强的钙制剂、砷制剂、水合氯醛及高渗溶液等，易诱发炎症，甚至导致组织坏死。

技能三 静脉注射技术

【技能目标】

静脉注射技术系将药液直接注入静脉内，药液随着血液很快分布到全身，不会受消化道及其他脏器的影响而发生变化或失去作用，药效迅速，作用强，注射部位疼痛反应较轻，但其代谢也快。要熟练掌握静脉注射的方法和注意事项。

【材料与设备】

(1)根据注射用量可备 50～100 mL 注射器及相应的注射针头或连接乳胶管的针头。大量输液时则应分别使用 250 mL、500 mL、1 000 mL 输液瓶，一次性输液器和相应型号的针头。

(2)其他用品包括注射盘，注射器及针头，瓶套，开瓶器，止血带，血管钳，胶布，剪毛剪，无菌纱布，药液，输液卡，输液架。

【内容与方法】

1. 动物保定

动物站立保定，使头稍向前伸，并稍偏向对侧。小动物可行侧卧保定。

2. 注射部位

牛、马、羊、骆驼、鹿等均在颈静脉的上 1/3 与中 1/3 的交界处；猪在耳静脉或前腔静脉；犬、猫在前肢腕关节正前方偏内侧的前臂皮下静脉或后肢跖部背外侧的小隐静脉；禽类在翼下静脉；特殊情况下，牛也可在胸外静脉或乳房静脉。

3. 术前消毒

同肌内注射技术。

4. 注射手法

(1)颈静脉注射　动物保定，使其头部稍向前伸，注射局部进行剪毛、消毒。术者用左手压迫颈静脉的近心端(靠近胸腔入口处),或者用绳索勒紧颈下部,使静脉回流受阻而怒张。确定好注射部位后,右手持针头用力迅速地垂直刺入皮肤(因牛的皮肤很厚,不易穿透,最好借助腕力奋力刺入方可成功)及血管,若见到有血液流出,表明已将针头刺入颈静脉中,再沿颈静脉走向稍微向前送入,固定好针头后,连接注射器或输液器,即可注入药液。

(2)耳静脉注射　用手按压耳背面的耳根部的静脉管使之怒张充盈,术者用左手把持耳尖并将其托平,右手持连接注射器的针头或头皮针,沿静脉管的径路刺入血管内,抽动针筒活塞,见有回血后,再沿血管向近心端进针。松开压迫静脉的手指,术者用左手拇指压住注射针头,连同注射器固定在猪耳上,右手徐徐推进针筒活塞或连接输液瓶即可注入药液。

(3)前腔静脉注射

①站立保定时的部位在右侧,于耳根至胸骨柄的连线上,距胸骨端约 1～3 cm 处,术者拿连接针头的注射器,稍斜向中央并刺向第 1 肋骨间胸腔入口处,边刺入边回血,见有回血时,即标志已刺入胸腔静脉内,可徐徐注入药液。

②取仰卧保定时,胸骨柄可向前突出,并于两侧第 1 肋骨结合处的前面,侧方呈两个明显的凹陷窝,用手指沿胸骨柄两侧触诊时更感明显,多在右侧凹陷窝处进行注射。先固定好动物的两前肢及头部,消毒后,术者持连接针头的注射器,由右侧沿第 1 肋骨与胸骨结合部前侧方的凹陷窝处刺入,并稍偏斜刺向中央及胸腔方向,边刺边回血,见回血后,即可注入药液,注射完后左手持酒精棉球紧压针孔,右手拔出针头,涂碘酊消毒。

(4)前臂皮下静脉注射　前臂皮下静脉(也称头静脉)位于前肢腕关节正前方稍偏内侧。犬可侧卧、伏卧或站立保定,助手或犬主人从犬的后侧握住犬的肘部,使皮肤向上牵拉和静脉怒张,也可用止血带或乳胶管结扎,使静脉怒张。术者位于犬的前面,注射针由近腕关节 1/3 处刺入静脉,当确定针头在血管内后,针头连接管处见到回血,再顺静脉管进针少许,以防犬骚动时针头滑出血管;松开止血带或乳胶管,即可注入药液,并调整输液速度。静脉输液时,可用胶布缠绕固定针头。注射完毕,以干棉签或棉球按压穿刺点,迅速拔出针头,局部按压或嘱畜主按压片刻,防止针孔出血。

(5)小隐静脉注射　此静脉位于后肢胫部下 1/3 的外侧浅表皮下。对犬、猫的保定及注射方法与前臂皮下静脉注射相同。

(6)翼下静脉注射　在翼下静脉的基部进行静脉注射。将禽类仰卧固定,拉开一翅,内侧面向上,在翅中部羽毛较少的凹陷处(腋窝),可见一条较粗的翼根静脉,其延伸段较细称为翼下静脉,鸭的称为腋静脉。用左手压住静脉向心端,使血管扩张充盈,然后将连接注射器的针头刺入,见有回血,放开左手,用拇指固定针头,右手将药液慢慢注入。

5.注意事项

(1)要严格遵守无菌操作规程,对所有注射用具、注射部位严格消毒。

(2)根据动物种类、注射药液的多少等,选用适当的注射器及相应的注射针头,并检查针头是否畅通。

(3)对所要注射的药品质量(如有无杂质、沉淀等)应严格检查,不同药液混合使用时要注意配伍禁忌。对组织刺激性强的药液要严防漏于血管外,油类制剂禁止进行静脉注射。

(4)大量输液时,注入速度不宜过快,要控制注射速度和输入量,以 10～20 mL/min 为宜,以防止发生肺水肿。药液最好加温至动物体温相同温度，同时注意心脏功能。

(5)时刻注意检查针头是否畅通，当反复刺入时，针头常被组织块或血凝块堵塞，应随时更换。

技能四 腹腔注射技术

【技能目标】

当静脉不宜输液时，腹水的治疗可用本法。腹腔注射在大动物较少应用，而在小动物的治疗上则经常采用。在犬、猫也可注入麻醉剂。要熟练掌握腹腔注射方法和注意事项。

【材料与设备】

根据动物的大小或治疗目的来选用器材。大动物用 20 号长针头，小动物用 6～8 号针头，并分别连接于相应的注射器上。为排除腹腔内的积液或洗涤腹腔，通常要使用套管针。

【内容与方法】

1. 动物保定

牛、马等大动物宜取站立保定，犬、猫等中小动物可采取前躯侧卧或后躯仰卧。

2. 注射部位

牛、马在右侧肷窝部；猪、犬、猫则宜在两侧后腹部；猪在第 5、第 6 乳头之间，腹下静脉和乳腺中间也可进行。

3. 术前消毒

同肌内注射技术。

4. 注射手法

术者手持连接针头的注射器垂直刺向注射部位，进针深度约 2 cm，然后回抽针芯，若无血液或脏器内容物时即可注射，注射完后，注射局部消毒处理。

5. 注意事项

腹腔注射宜用无刺激性的药液；如进行腹腔大量补液，则宜用等渗溶液，并最好将药液加温至接近体温的程度；腹腔内有各种内脏器官，在注射或穿刺时，容易受损伤，因此要特别注意；小动物腹腔内注射宜在空腹时进行，防止腹压过大，而误伤其他脏器。

技能五 气管注射技术

【技能目标】

气管注射技术用于治疗病畜气管与肺部疾病，以及肺部驱虫的一种方法，临床上主要用于猪和羊。掌握气管注射的方法和注意事项。

【材料与设备】

保定绳、保定器等，酒精棉球，碘酊棉球，注射器，2%普鲁卡因液。

【内容与方法】

1.动物保定

动物仰卧、侧卧或站立保定，使前躯稍高于后躯。

2.注射部位

一般在颈部气管的上1/3处或颈部中央处、腹侧面正中、两个气管软骨环之间进行注射。

3.术前消毒

同肌内注射技术。

4.注射手法

术者持连接针头的注射器，右手握住气管。于两个气管软骨环之间，垂直刺入气管内，此时摆动针头，感觉前端空虚，再缓缓滴入药液。注射完后拔出针头，术部涂擦碘酊消毒。

5.注意事项

(1)注射过程中要时刻注意动物状态，如遇动物咳嗽时，则应暂停注射，待安静后再行注入。

(2)注射速度不宜过快，最好一滴一滴地注入，以免刺激气管黏膜，咳出药液。

(3)如果动物咳嗽剧烈或防止注射诱发动物咳嗽，可先注入2%普鲁卡因液2～5 mL，降低气管的敏感反应，然后再注入所需药液。

技能六 瓣胃注射技术

【技能目标】

瓣胃注射技术主要用于瓣胃阻塞的治疗。熟练掌握瓣胃注射的方法。

【材料与设备】

保定绳、保定器等，酒精棉球、碘酊棉球，金属注射器或塑钢注射器(20 mL、50 mL)，瓣胃穿刺针或兽用针头(16×150、16×48)，剪毛剪，镊子，生理盐水等。

【内容与方法】

1.动物保定

动物站立保定。

2.注射部位

注射部位在右侧第9肋间与肩关节水平线相交点的下方2 cm处。

3. 术前消毒

同肌内注射技术。

4. 注射手法

术者立于动物右侧，将针头垂直刺入皮肤后，针头连接上注射器并回抽，如果见有血液或胆汁，提示针头刺入肝脏或胆囊，可能是针头刺入点过高或其朝向上方所致，应将针头拔出，调整朝偏下方刺入；如未见血液等再先用注射器注入 20～50 mL 生理盐水后，迅速回抽；如果见混有草屑的胃内容物，即为刺入瓣胃。根据需要可以抽取瓣胃内容物进行实验室检验，也可以注入所需药物。之后，立即拔出针头，局部做消毒处理。

技能七 皱胃注射技术

【技能目标】

皱胃注射技术用于治疗皱胃阻塞或皱胃变位等某些皱胃疾病的诊断。熟练掌握皱胃注射的方法。

【材料与设备】

同瓣胃注射技术。

【内容与方法】

1. 动物保定

动物站立保定。

2. 注射部位

注射部位位于右腹部第 9～13 肋间的肋骨弓区。当发生皱胃阻塞时，此区域出现局限性膨大，可作为刺入部位（右侧第 11～13 肋骨下缘）；当发生皱胃变位时，左侧肋弓处突起明显，叩诊时发出高亢的叩击钢管音，可选择此处进行穿刺。

3. 术前消毒

同肌内注射技术。

4. 注射手法

术者持 16～18 号针头，先刺穿皮肤，调整针头使其朝向对侧肘突方向刺入 5～8 cm 时，手感刺入坚实物，此时可以连接注射器，向内注入少量（50～100 mL）生理盐水注射液，并立即回抽之，如见回抽液中混有胃内容物，表明针头已准确刺入皱胃，根据需要可以抽取皱胃内容物进行实验室检验，也可以注入所需药物。之后，立即拔出针头，局部做消毒处理。

5. 注意事项

(1)在确定注射部位时，需结合临床视诊及叩诊方法判断。

(2)注射过程中，动物要确实保定，必要时可给予镇静药物。

(3)当针头刺入一定深度后，要谨慎判断是否刺入皱胃，只有准确刺入后，方可进行其他操作。

任务小结

本任务通过讲解多种注射技术，了解不同注射技术的优势和注意事项。该技术与其他投药技术相比，具有操作简便、用药准确、疗效迅速、节省药物等特点，在兽医临床上得到广泛的应用。是兽医人员需要重点掌握的诊疗技术。

复习思考题

1. 如何判断针头是否插入瓣胃？
2. 皮下注射有什么注意事项？
3. 猪、牛、马的肌内注射部位分别是哪些部位？操作时应注意哪些事项？

任务三　穿刺术

穿刺术是使用特制的穿刺器具(如套管针、肝脏穿刺器、骨髓穿刺器等)，刺入病畜体腔、脏器或髓腔内，排除内容物或气体，或注入药液以达治疗目的。穿刺术是兽医临床诊断和治疗中常使用的技术方法。通过穿刺可以采取病畜体某一特定器官或组织的病理材料，为实验室提供可检病料，有助于确诊疾病。

学习目标

1. 学习瘤胃穿刺术，掌握其操作要领；
2. 学习腹膜腔穿刺术，掌握其操作要领；
3. 学习关节穿刺术，掌握其操作要领；
4. 学习胸膜腔穿刺术，掌握其操作要领；
5. 学习脓肿穿刺术，掌握其操作要领；
6. 学习颈椎及腰椎穿刺术，掌握其操作要领；
7. 学习喉囊穿刺术，掌握其操作要领；
8. 学习盲肠穿刺术，掌握其操作要领。

技能一　瘤胃穿刺术

【技能目标】

瘤胃穿刺技术主要用于急性瘤胃臌气时的急救排气和向瘤胃内注入药液。掌握瘤胃穿刺术和注意事项。

【材料与设备】

大套管针或盐水针头，羊可用一般静脉注射针头，外科刀与缝合器材等。

【内容与方法】

1.穿刺准备

牛、羊等反刍动物站立保定，术部剪毛常规消毒。

2.穿刺部位

穿刺部位在左侧肷窝部，由髋结节向最后肋骨所引水平线的中点，牛距腰椎横突下方10～12 cm处，羊距腰椎横突下方3～5 cm处。也可选在瘤胃隆起最高点穿刺。

3.穿刺操作

在术部切一小口（羊一般不切口），左手将局部皮肤向上提起，右手持套管针向对侧肘头方向刺入10～14 cm，然后固定套管，拔出针芯，缓慢排出气体。如放气过程中，套管堵塞，可插入针芯疏通。气体排出后，为防止复发，可经套管向瘤胃内注入防腐制酵药。操作完毕后，插入针芯，同时压住针孔皮肤，再拔出套管针，局部涂以碘酊处理。

4.注意事项

(1)该方法常用于瘤胃放气。在放气过程中要时刻观察动物状态，放气速度不宜过快，应间歇性放气。

(2)穿刺和放气时，应注意防止针孔局部感染。因放气后期往往伴有泡沫样内容物流出，污染套管口周围并易流进腹腔而继发腹膜炎。

(3)经套管针注入药液前，一定要确切判定套管针仍在瘤胃内后，才可实施药液注入。

(4)需要拔出套管时，应先插回针芯或用手指压住针孔，并向下压迫套管周围的皮肤，再拔出套管针或注射针。

(5)在紧急情况下，无套管针或注射针头时，可就地取材，如取竹管、鹅翎或静脉注射针头等进行穿刺，以挽救病畜生命，然后再采取抗感染措施。

技能二 腹腔穿刺术

【技能目标】

腹腔穿刺术主要用于治疗腹水、采集和排出腹腔积液、腹腔内给药或洗涤腹腔等。掌握腹腔穿刺术及其注意事项。

【材料与设备】

腹腔穿刺套管针或16号静脉注射针头。

【内容与方法】

1. 穿刺准备

大动物采取站立保定，小动物采取平卧位或侧卧位保定，术部剪毛消毒。准备胸腔洗涤剂，如0.1%雷佛奴耳溶液、0.1%高锰酸钾溶液、生理盐水（加热至体温程度）等。还需用输液瓶。

2. 穿刺部位

牛、羊、猪在右侧髌骨向前引出一条水平线与最后肋骨弓相交的中点。

3. 穿刺操作

左手固定穿刺部位的皮肤并稍向一侧移动，右手控制套管针或针头的深度，垂直刺入腹壁3～4 cm，待抵抗感消失时，表示已穿过腹壁层，即可回抽注射器，抽出腹水放入备好的试管中送检。如需要大量放液，可接一橡皮管，将腹水引入容器，以备定量和检查。橡皮管可夹一输液夹以调整放液速度。小动物可采用注射器抽出。放液后拔出穿刺针，用无菌棉球压迫针孔片刻，覆盖无菌纱布，胶布固定。

洗涤腹腔时，马属动物在左侧肷窝中央；牛、鹿在右侧肷窝中央；小动物在肷窝或两侧后腹部。右手持针头垂直刺入腹腔，连接输液瓶胶管或注射器，注入药液，再由穿刺部排出，如此反复冲洗2～3次。

4. 注意事项

(1)刺入深度不宜过深，以防刺伤肠管。穿刺位置应准确，保定要安全。

(2)抽、放腹水引流不畅时，可将穿刺针稍做移动或变动体位，抽、放腹水速度不可过快。

(3)穿刺过程中应注意动物的反应，观察呼吸、脉搏和黏膜颜色的变化，发现有特殊变化时应停止操作，并做相应处理。

(4)若腹腔过度紧张，穿刺时易刺入肠管而将肠道内容物误认为是腹腔积液，造成错诊，穿刺时需特别注意。

技能三　关节穿刺术

【技能目标】

关节穿刺术主要用于诊断和治疗关节疾病，掌握关节穿刺术和注意事项。

【材料与设备】

5～10 mL 注射器，针头，3%～5%碘酊，75%酒精，剪毛剪等。

【内容与方法】

1. 穿刺准备

病畜站立或横卧保定，术部剪毛消毒。

2. 穿刺部位

(1)系关节(球关节)穿刺位置　在掌(跖)骨、系韧带和近籽骨上缘所形成的凹陷。

(2)腕关节(腕桡关节)穿刺位置　在关节外侧的前界为桡骨，后界为腕外屈肌腱，下界为副腕骨上缘的三角形凹陷。

(3)跗关节(胫距关节)穿刺位置　在骨膜盲囊的前内或后内方，前内方在关节的屈面、胫骨内髁的前下方凹陷

3. 穿刺操作

针头与掌骨侧面成45°角，由上向下刺入3～4 cm，完毕即拔出针头，局部用碘酊消毒。

4. 注意事项

(1)穿刺器械及手术操作均需严格消毒，以防关节腔继发感染。

(2)穿刺前，必须了解所要穿刺关节的形态、构造，以免损伤其他组织(血管、神经或韧带)。

(3)当针头正确刺入关节腔时，可见有液体流出，如无液体流出可压迫关节囊或用注射器抽吸，但不可过深地刺入关节腔内，以防损伤关节软骨。

技能四　胸腔穿刺术

【技能目标】

胸腔穿刺术主要用于排出胸腔的积液、血液，或洗涤胸腔及注入药液进行治疗。掌握胸腔穿刺术及其注意事项。

【材料与设备】

套管针或12～14号长针头，胸腔洗涤剂[如0.1%雷佛奴耳溶液、0.1%高锰酸钾溶液、生理盐水(加热至体温程度)]，输液瓶等。

【内容与方法】

1. 穿刺准备

大动物站立保定，犬、猫侧卧保定或取犬坐姿势，术部按常规剪毛、消毒，犬、猫先用盐酸普鲁卡因局部浸润麻醉。

2. 穿刺部位

牛、羊、马在左侧第6～7肋间；猪、犬在右侧第7肋间。具体位置在与肩关节引水平线相交点的下方2～3 cm处，胸外静脉上方约2 cm处。

3.穿刺操作

术者一手将术部皮肤稍向前移动，一手持适当大小的灭菌套管针(如无套管针，可用12～14号注射针头代替，针柄连接一小段胶管，接上注射器，防止空气进入胸腔)，沿肋骨前缘垂直刺入。刺入深度，大动物2～4 cm，小动物1～2 cm，当感觉阻力突然消失时，即表示刺入胸腔。拔出套管针芯，或用与胶管连接的注射器抽取胸腔积液。穿刺采样或排液(气)完毕，应立即插回套管针针芯，然后一手紧压术部皮肤，一手拔出穿刺针，术部消毒。

4.注意事项

(1)穿刺或排液过程中，应注意无菌操作并防止空气进入胸腔。

(2)排出积液和注入洗涤剂时应缓慢进行，同时注意观察病畜有无异常表现。

(3)穿刺时须注意防止损伤肋间血管与神经。应以手指控制套管针的刺入深度，以防过深刺伤心肺。

(4)穿刺过程遇有出血时，应充分止血，改变位置再行穿刺。

(5)需要进行药物治疗时，可在抽液完毕后，将药物经穿刺针注入。

(6)穿刺针孔若被堵塞，可用针芯疏通，洗涤要反复进行2～3次，放出后注入治疗药物。

技能五 脓肿穿刺术

【技能目标】

脓肿穿刺术主要用于脓肿的诊断和脓汁的清除，掌握脓肿穿刺术和注意事项。

【材料与设备】

75%酒精，3%～5%碘酊，注射器及相应针头，消毒药棉等。

【内容与方法】

1.穿刺准备

同关节穿刺术。

2.穿刺部位

肿胀部位下方或触诊松软部。

3.穿刺操作

固定患处后，将注射器针头直接刺入患处，然后抽动注射器内芯，将病理产物吸入注射器内。也可由一助手固定患部，术者将针头穿刺到患处后，左手将注射器固定，右手抽动注射器内芯。

4.注意事项

要注意脓肿与血肿、淋巴外渗穿刺液的区别：脓肿穿刺液为脓汁；血肿穿刺液为稀薄的血液；淋巴外渗液为透明的橙红色液体。必须在确定穿刺液的性质后，再采取相应措施(如手术切开等)，避免因诊断不明而采取不当措施。

技能六 颈椎及腰椎穿刺术

【技能目标】

颈椎及腰椎穿刺术主要用于采集脑脊髓液，掌握颈椎及腰椎穿刺术和注意事项。

【材料与设备】

脑脊髓穿刺针（配以针芯的、长的封闭针头），灭菌试管等。

【内容与方法】

1.穿刺准备

大动物站立保定，确实保定后躯，防止跳动；小动物横卧保定，并使其腰部向腹侧弯曲。术部剪毛、消毒。

2.穿刺部位

颈椎穿刺在头骨与第1颈椎或第1、第2颈椎之间的脊上孔。腰椎穿刺在腰荐十字部，最后腰椎棘突与第1荐椎棘突之间的凹陷处。各种动物的穿刺部位基本相同。

3.穿刺操作

用拇指和中指握定针头，食指压定在针尾上，对准术部，按垂直方向缓缓刺入，待针穿通棘间韧带及硬膜进入脊髓腔时，手感阻力突然消失（如同穿透牛皮纸样的感觉），拔出针芯，脑脊液流出。穿刺完毕，插入针芯并用酒精棉压住穿刺孔周围的皮肤，然后拔出穿刺针，术部涂以碘酊。

4.注意事项

（1）确实保定动物，穿刺过程中，如遇动物骚动不安时，应暂缓进针。

（2）操作中所用器械均要经过严格消毒，以免感染。

（3）穿刺不宜过深并切忌捻转穿刺针，以免损伤脊髓组织。

（4）对颅内压增高的病畜，排液速度不宜过快，排液量不宜过多，以免因椎管内压力减小而发生脑疝。

技能七 喉囊穿刺术

【技能目标】

喉囊穿刺术主要用于排出喉囊炎性渗出物和洗涤喉囊的治疗，掌握喉囊穿刺术和注意事项。

【材料与设备】

喉囊穿刺器或普通的套管针，注射针，外用消毒药等。

【内容与方法】

1. 穿刺准备

马、牛等大动物站立保定，使其头部向前下方伸展。术部剪毛、消毒。

2. 穿刺部位

喉囊穿刺点在第 1 颈椎横突中央向前移一指处，触诊该部有波动感。

3. 穿刺操作

穿刺针垂直穿过皮肤后，针尖转向对侧外眼角的方向缓慢进针。当针穿过肌肉时稍有抵抗感，达喉囊后抵抗立即消减，拔出套管内针芯，然后固定好针头，连接注射器，吸出其内液体。如果喉囊蓄脓，在排出脓汁后，进行冲洗，再注入所需药液。术部涂以碘酊消毒。

4. 注意事项

(1)如有出血时，可提高头部；若大量出血，可静脉注射氯化钙及其他止血剂。

(2)穿刺过程中，如穿刺针孔被堵塞，应先疏通针孔，再抽液。

技能八 盲肠穿刺术

【技能目标】

盲肠穿刺术可用于治疗马、骡肠臌气，掌握马、骡盲肠穿刺术和注意事项。

【材料与设备】

肠管穿刺套管针或 16～18 号静脉注射针头，长的封闭针头。

【内容与方法】

1. 穿刺准备

马、骡站立保定，穿刺部位剪毛消毒。

2. 穿刺部位

右侧肷窝的中心，即距腰椎横突下方约 1 掌处。或选在肷窝最明显的突起点。

3. 穿刺操作

盲肠穿刺时，可将皮肤纵向切开 0.5～1.0 cm 的小口，若用封闭针头时，则不用切口。右手持肠管穿刺套管针(或封闭针头)，由后上方向前下方，对准对侧肘头迅速穿透腹壁刺入盲肠内，深 6～10 cm。

4. 注意事项

同瘤胃穿刺术。

任务小结

穿刺术是临床兽医应该熟练掌握的一项基本技术，穿刺可以获取病畜体内特定的病理材料，以供实验室检查，为疾病的确诊提供有力证据。穿刺的注意事项要掌握，操作过程中要特别注意无菌操作。

复习思考题

1. 颈椎及腰椎穿刺术有什么注意事项？
2. 腹膜腔穿刺术中的穿刺部位在哪？注意事项是什么？
3. 如何进行瘤胃穿刺？

任务四 临床输液疗法

输液可以调节体内水和电解质平衡，补充微循环，维持血压，中和毒素，补充营养物质等作用，对机体疾病的康复起重要作用。

学习目标

1. 掌握体液平衡紊乱及处理方法；
2. 掌握酸碱平衡紊乱及纠正方法。

技能一 体液平衡紊乱及处理方法

【技能目标】

了解体液平衡紊乱产生的原因、类型。掌握体液平衡紊乱的处理方法。

【材料与设备】

保定绳，保定器，牛鼻钳，马耳夹子，宠物用口笼，伊丽莎白项圈，保定包等；酒精棉球，碘酊棉球；金属注射器或塑钢注射器（10 mL、20 mL、50 mL），不同型号的兽用针头，一次性使用注射器（1 mL、2.5 mL、5 mL、10 mL、20 mL），一次性使用输液器（针头规格：5 号、6 号、7 号、8 号），留置针（18G、20G、22G、24G）；止血带，橡皮膏，剪毛剪，镊子等。

【内容与方法】

体液平衡紊乱具体可以分为脱水和电解质代谢紊乱，及时准确识别水盐代谢紊乱，对症、恰当的输液可以有效地治疗危症病畜。

(一)脱水

脱水因水钠丢失比例不同可分为等渗性脱水(缺水＝缺钠),低渗性脱水(缺钠＞缺水),高渗性脱水(缺水＞缺钠)3种。

1.产生原因

腹泻、呕吐、肠变位、急性肠梗阻、弥漫性腹膜炎以及大量出汗后饮水不足,大量消化液急性丧失,使病畜体液在短期内大量丢失。

2.诊断要点

(1)等渗性脱水　临床表现尿少、乏力、眼球下陷和皮肤干燥,但无口渴。较重的病畜表现脉搏细速,血压下降,并常伴有代谢性酸中毒。

(2)低渗性脱水　①轻度缺钠,其临床表现为精神沉郁,食欲减少,四肢无力。病畜每千克体重缺钠量为0.25～0.5 g。②中度缺钠,临床表现血压下降,全身症状明显,症状除上述表现外尚有恶心、呕吐、脉搏细速、尿少。病畜每千克体重缺钠量为0.5～0.75 g。③重度缺钠,常有昏睡或处于昏迷状态,并可有休克。病畜每千克体重缺钠量为0.75～1.25 g。根据病史,结合临床症状和实验室检查可以诊断,初期测定血清钠接近正常,后期测定血清钠可见下降。

(3)高渗性脱水　①轻度脱水,缺水量小于体重的4%,其主要症状为口渴,精神沉郁,尿量减少,血色稍暗。②中度脱水,缺水量为体重的4%～6%,其主要症状除口渴、舌干、乏力外,尿量减少极为明显,血液黏稠、色暗,脉搏增数。③重度脱水,缺水量大于体重的6%,病畜除有上述症状外,大多有血压下降和神志障碍,可视黏膜发绀,高度口渴,眼球凹陷,耳、鼻端发凉。心音及脉搏均减弱,脉搏不感于手,有时出现神经症状。

3.处理方法

(1)等渗性脱水　将生理盐水与5%葡萄糖液按1∶1比例输入。

(2)低渗性脱水　以补充盐类为主,生理盐水和5%葡萄糖液的比例为2∶1。

(3)高渗性脱水　应以补水为主,生理盐水和5%葡萄糖液的比例为1∶2。

(二)钾元素代谢紊乱

钾元素代谢紊乱主要根据钾浓度分为低钾血症和高钾血症。

1.产生原因

缺钾,长期钾摄入不足,钾的排出增加;血钾过高,口服或静脉输入氯化钾过多,酸中毒以及大面积软组织挤压伤、重度烧伤或其他有严重组织破坏致使大量细胞内钾能短期内移至细胞外的创伤,或急性或慢性肾功能衰竭而使肾脏排钾减少。

2.诊断要点

(1)低钾血症　厌食、恶心、呕吐和腹胀(肠蠕动明显减弱)、肌肉无力、腱反射减退、血压降低、嗜睡等症状;血清钾测得值明显降低;心电图呈现T波降低、双相甚至或倒置,ST段压低或U波出现等表现。

(2)高钾血症　病畜有软弱无力、虚弱和血压降低等症状,严重者出现呼吸困难,心搏动骤停,以致突然死亡;血清钾测得值明显升高;心电图T波高而尖,QT时间延长,以后QRS时间也延长。

3. 处理办法

(1)低血钾症　以补钾为主，需静脉输液的，应以10%氯化钾溶液稀释后经静脉缓慢滴入，其浓度不应大于0.3g/100 mL，严格控制滴速，绝对禁止以氯化钾静脉内直接推注。

(2)高血钾症　①应停给一切含钾的溶液或药物；静脉输入5%碳酸氢钠溶液以降低血钾并同时纠正可能存在的酸中毒。②给予高渗葡萄糖和胰岛素，使血钾浓度暂时降低。一般用25%的葡萄糖液200 mL，以(3～4 g)∶1单位的比例加入胰岛素，静脉滴入，可每3～4 h重复1次。③给予10%葡萄糖酸钙溶液以对抗高钾血症引起的心律失常，需要时可重复使用。

技能二　酸碱平衡紊乱及纠正方法

【技能目标】

临床上常发的酸碱失衡主要表现在代谢性酸中毒、碱中毒和呼吸性酸中毒、碱中毒。对于一些复杂的疾病，甚至二者皆会出现，表现混合型酸碱失衡现象。掌握酸碱平衡紊乱及纠正方法。

【材料与设备】

同体液平衡紊乱及处理方法。

【内容与方法】

酸碱平衡失调可分为代谢性酸、碱中毒和呼吸性酸、碱中毒4种类型。

1. 产生原因

(1)代谢性酸中毒　病畜长期禁食、脂肪分解过多，并有酮体积聚，均可消耗HCO_3^-；急性肾功能减退，H^+排出有障碍，机体内H^+增加。

(2)代谢性碱中毒　治疗中长期投给过量的碱性药物，使血液内的HCO_3^-浓度升高；牛的许多胃肠疾病如肠套叠、皱胃扭转或变位、皱胃阻塞等以及马的继发性胃扩张。这些疾病导致胃酸分泌的同时，大量HCO_3^-进入血液从而造成碱中毒。缺钾可导致代谢性碱中毒，因细胞内钾离子移出，与钠离子及氢离子交换，使细胞外液的H^+浓度降低，细胞内H^+增多从而导致代谢性碱中毒。

(3)呼吸性酸中毒　当病畜通气功能减弱，体内生成的CO_2不能充分排出时，则CO_2分压增高，引起呼吸性酸中毒。

(4)呼吸性碱中毒　当病畜肺泡通气过度，体内生成的CO_2排出过量，则CO_2分压降低，引起呼吸性碱中毒。

2. 诊断要点

(1)代谢性酸中毒　呼吸深而快、黏膜发绀、体温升高、出现不同程度的脱水现象、血液浓稠。实验室检查红细胞比容增高，血气分析pH和HCO_3^-明显下降，CO_2结合力(CO_2 CP)降低。

(2)代谢性碱中毒　呼吸浅而慢,并可有嗜睡甚至昏迷等神志障碍。实验室检查血 pH、HCO_3^- 和 CO_2 CP 与代谢性酸中毒相反。

(3)呼吸性酸中毒　通气减弱,呼吸困难和气促、发绀等,甚至有昏迷等神志障碍。血气分析显示血 pH 明显下降,CO_2 分压增高,而 HCO_3^- 正常或增加,CO_2 CP 增高。

(4)呼吸性碱中毒　通气过度,四肢麻木、肌肉震颤、四肢抽搐、心率过快。血气分析显示血 pH 增高,CO_2 分压和 CO_2 CP 降低。

3.处理办法

(1)代谢性酸中毒　在针对病因治疗并处理水、电解质失衡的同时,应用碱剂(最常用的是碳酸氢钠)治疗。

(2)代谢性碱中毒　应在对因治疗的同时,治疗血氯过低并予以补钾,因这类病畜多半同时有低氯低钾情况,而补钾有助于碱中毒的纠正。一般轻度代谢性碱中毒呕吐不剧烈的,只需静脉滴注等渗盐水即可;重度代谢性碱中毒,可用2%氯化铵溶液加入5%葡萄糖等渗盐水中,静脉缓慢滴注。

(3)呼吸性酸中毒　首先应致力于改善病畜的通气功能,可考虑气管切开、气管内插管;同时要控制肺部感染,扩张小支气管,促进痰液排出。

(4)呼吸性碱中毒　积极处理原发病,减少 CO_2 的呼出,吸入含5%CO_2 的氧,补给钙剂。

任务小结

本任务主要阐述了体液平衡紊乱和酸碱代谢紊乱的纠正和处理方法,同时补液要避免盲目性,应根据病畜的具体情况和补液途径不同,缺什么补什么,缺多少补多少。补液过程中要注意病畜状态,发现骚动不安、呼吸加快、出汗、肌肉震颤、心率过快或心律不齐,应停止补液,查明原因并进行适当处理。

复习思考题

1. 代谢性酸、碱中毒产生的原因是什么？如何处理？
2. 产生脱水的原因是什么？如何处理？
3. 酸碱平衡紊乱常见类型及其病因有哪些？

任务五　临床常用封闭疗法

封闭疗法是以不同剂量和不同浓度的局部麻醉药注入组织内,利用其局部麻醉作用减少局部病变对中枢的刺激并改善局部营养,从而促进疾病痊愈的治疗方法。

学习目标

1. 掌握病灶周围封闭疗法；
2. 掌握盆神经封闭疗法；
3. 掌握尾骶封闭疗法；
4. 掌握静脉内封闭疗法。

技能一 病灶周围封闭疗法

【技能目标】

病灶周围封闭疗法常用于治疗创伤或局部炎症。掌握病灶周围封闭疗法。

【材料与设备】

0.25%～0.5%盐酸普鲁卡因溶液，注射器。

【内容与方法】

操作方法

在病灶周围约 2 cm 处的健康组织内，分点注入 0.25%～0.5%盐酸普鲁卡因溶液，所注药量以能达到浸润麻醉的程度即可，马、牛 20～50 mL，猪、羊 10～20 mL，每天或隔天 1 次。为了提高治疗效果，可在药液中加入 50 万～100 万单位青霉素，实践表明效果更佳。

技能二 盆神经封闭疗法

【技能目标】

盆神经封闭疗法应用于子宫脱、阴道脱、直肠脱或上述各器官的急、慢性炎症的治疗及其脱垂时的整复手术。熟练掌握盆神经封闭疗法。

【材料与设备】

同病灶周围封闭疗法。

【内容与方法】

1. 操作方法

病畜站立保定，注射部位在第 3 荐椎棘突顶点，两侧旁开一掌(5～8 cm)处。剪毛，消毒后，用长 12 cm 的封闭针垂直刺入皮肤后，以与刺入点外侧皮肤呈 55°角由外上方向内下方进针，当针尖到达荐椎横突边缘后，将进针角度稍加大，沿荐椎横突侧面穿过荐坐韧带(手感似刺破硬纸)1～2 cm，即达骨盆神经丛附近。以病灶为圆心，在病灶周围约 2 cm 的健康组织处，从上下左右 4 个方向设置 4～8 分点位，分别注入 0.25%～0.5%盐酸普鲁卡因溶液，所注药量以能达到浸润麻醉的程度为宜。常规用量为马、牛每注射点位 5～6 mL，总量控制在 20～50 mL；猪、羊每注射点位 2～3 mL，总量控制在 10～20 mL。每天或隔天 1 次。

2. 注意事项

注射针刺入部位过浅未穿透荐坐韧带时，药液必然下沉而波及坐骨大神经，易引起两后肢麻痹；针刺入过深时，可穿透腹膜而进入腹腔，达不到预期治疗效果。

技能三 尾骶封闭疗法

【技能目标】

尾骶封闭疗法应用范围与盆神经封闭疗法相同。熟练掌握尾骶封闭疗法。

【材料与设备】

同病灶周围封闭疗法。

【内容与方法】

操作方法

病畜站立保定，将尾部提起，注射部位在尾根与肛门之间的三角区中央，即为中兽医中的后海穴。局部消毒后，用长 15～20 cm 的针垂直刺入皮下，将针头稍向上翘起并与荐椎呈平行方向刺入。先沿正中方向边注入药液边拔针，然后再分别向左右方向各注入一次，使药液呈扇形分布。大动物所用药液的量一般为 0.25%普鲁卡因液 150～200 mL，猪、羊用量为 50～100 mL。

技能四 静脉内封闭疗法

【技能目标】

静脉内封闭疗法主要适用于马急性胃扩张、蹄叶炎、风湿症、牛乳腺炎、创伤、烧伤、化脓性炎和过敏性疾病。掌握静脉内封闭疗法。

【材料与设备】

0.1%普鲁卡因生理盐水，注射器。

【内容与方法】

1. 操作方法

静脉内封闭疗法的注射部位、注射方法与一般的静脉注射相同。通常选用 0.1%普鲁卡因生理盐水缓慢注入，每分钟 50～60 滴为宜。常规用量为：马、牛 100～200 mL，猪、羊 20～50 mL。

2. 注意事项

个别动物在注射后会出现呼吸抑制、呕吐、出汗、黏膜发绀、瞳孔散大或惊厥等过敏反应，应立即给病畜皮下注射盐酸麻黄素或静脉注射硫喷妥钠液进行救治。

任务小结

本任务讲解了几种封闭疗法和注意事项，封闭疗法可使因炎症而扩张的血管收缩，减少渗出，减轻水肿，减轻疼痛，调节血管机能，改善组织营养，促进炎症的修复和治愈。通过训练掌握封闭疗法的操作要领。

复习思考题

1. 盆神经封闭疗法的注意事项有哪些？
2. 尾骶封闭疗法，静脉内封闭疗法，病灶周围封闭疗法如何操作？

学习情境四
动物常见急症处置

学习目标

了解发热、腹泻、便血、便秘、腹痛、呼吸障碍、繁殖障碍、贫血、中毒、尿闭十大常见症状的病因、临床表现，掌握其治疗原则及注意事项。

技能一 发热的处置

【技能目标】

掌握发热性疾病诊断思路及其治疗的注意事项。

发热是指动物机体受到致热原作用或体温调节中枢出现功能障碍时，使机体产热过程增加，而同时散热过程不能相应地增加或反而减少，体温升高超过正常范围并且有热候的病理状态的总称。发热时常伴有寒战，多汗，皮温不均，心率、呼吸加快及各组织器官机能和物质代谢异常等一系列症状，称为热候。

一、病因

根据致热原的性质和来源不同，常分为感染性发热和非感染性发热两大类。

1. 感染性发热

各种病原体如细菌、病毒、立克次体、支原体、真菌、螺旋体及寄生虫等侵入动物机体后，均可引起相应的疾病，不论急性还是慢性、局限性还是全身性均可引起发热，通常称为感染性发热。

2. 非感染性发热

病原体以外的多种因素引起的发热属非感染性发热。常见病因包括：

(1)无菌性坏死组织的吸收　如大面积烧伤、内出血、创伤或手术后组织损伤；恶性肿瘤、白血病、急性溶血反应；血管栓塞或血栓形成等引起的组织坏死。

(2)变态反应　变态反应产生的抗原抗体复合物，激活了致热原细胞，使其产生并释放内源性致热原。如风湿热、血清病、药物热、某些恶性肿瘤等。

(3)内分泌和代谢性疾病　当神经内分泌系统功能紊乱而导致物质分解代谢增强、产热增多时，出现发热。如甲状腺功能亢进时产热增多。

(4)体温中枢功能失常　如中暑、脑震荡、颅骨骨折、脑出血及颅内压升高等。

二、症状诊断

1. 发热的一般症状

发热不是一种独立的疾病，而是许多疾病尤其是炎性疾病时最常见的症状，表现为食欲不振或厌食、消化不良、精神沉郁、群体动物怕冷扎堆、不愿活动、机体消瘦和抵抗力下降。特别是当引起心肌变性而出现心功能不全时，病情常迅速恶化。动物发热时往往还伴随全身发红，结膜充血，皮疹以及肝脾、淋巴结肿大，关节肿痛等症状。

2. 常见发热性疾病的诊断思路

(1)患病动物发热主要表现消化道症状时，出现腹泻、腹痛、粪中混有黏液、血液的，则可能是大肠埃希菌病、沙门菌病、巴氏杆菌病、空肠弯杆菌病、炭疽病、胃肠炎等。此外还要特别注意成年奶牛肠毒血症、奶牛冬季痢疾；猪瘟、坏死性肠炎、仔猪红痢；犬瘟热、犬细小病毒病；猫泛白细胞减少症；鸡新城疫、鸡传染性法氏囊病等。

(2)患病动物发热主要表现呼吸道症状时，出现流鼻液、打喷嚏、咳嗽、喘气、呼吸困难；猪还出现全身发红、耳朵发紫，母猪返情、流产、产木乃伊等；肺脏听诊有啰音、胸膜摩擦音的，则可能是流感、急性鼻卡他、急性喉卡他、急性支气管炎、支气管肺炎、肺坏疽、肺脓肿、肺充血与肺水肿、胸膜炎、支原体肺炎、霉菌性肺炎等。此外，还应注意马传染性胸膜肺炎、牛传染性鼻气管炎；牛、羊传染性胸膜肺炎；猪肺疫、呼吸与繁殖障碍综合征、副嗜血杆菌病、放线菌病；犬瘟热；鸡传染性鼻炎、传染性喉气管炎、传染性支气管炎、慢性呼吸道病等。

(3)患病动物发热主要表现神经症状时，应注意狂犬病、伪狂犬病、李氏杆菌病、日射病、热射病等。此外，还应注意马(美洲马)传染性脑脊髓炎；猪乙型脑炎、传染性脑脊髓炎、血细胞凝集性脑脊髓炎；牛恶性卡他热、牛衣原体病；鸡传染性脑脊髓炎等。

(4)患病动物发热伴有明显皮肤病变时，应注意恶性水肿、坏死杆菌病、金黄色葡萄球菌病、巴氏杆菌病、口蹄疫、水疱性口炎等。此外，还应注意猪圆环病毒病、猪水疱病、猪水疱疹；羊传染性脓疱、羊溃疡性皮炎；马鼻疽、马腺疫；牛流行性淋巴管炎、牛淋巴结核等。

(5)患病动物发热伴有红尿时，应注意钩端螺旋体病、肾棒状杆菌病、泌尿道的出血性炎症等，此外，还应注意羊、猪链球菌病。

另外，当动物出现发热性疾病，还应考虑动物寄生虫(如弓形虫、附红细胞体、血吸虫、锥虫、梨形虫)的感染。

三、治疗

1. 除去病因和诱因

患病动物呈群发性发热性疾病时，应按照《中华人民共和国动物防疫法》的要求，进行隔离，并对被污染的环境进行彻底消毒。对源于输液的应更换液体。

2. 退热

针对病因选用解热药退热，如阿司匹林、安乃近、对乙酰氨基酚等。发热的动物立即停止运动，使其安静休息。在退热期，为防止虚脱，要注意保护心脏、肝脏的功能。

3. 辅助治疗

注意补充营养物质，调节患病动物的水、盐、电解质及酸碱平衡。若病情较重或有脱水现象时，给予5%葡萄糖生理盐水静脉滴注。对患病动物出现的伴随症状应进行对症处理，如动物烦躁不安时，可给镇静剂，如苯巴比妥钠皮下注射。

4. 加强护理

避免各种应激，特别要注意环境温度、湿度和通风三要素。喂以易消化吸收和可口的青绿饲料或糖类丰富的饲料。

技能二 腹泻的处置

【技能目标】

了解腹泻的致病因素，掌握腹泻的治疗原则。

腹泻是指排便次数增加，粪便稀薄并带有黏液、脓血或未消化的食物。腹泻按其病程可分为急性与慢性腹泻两种。

一、病因

1. 管理因素

养殖环境温度过低，潮湿受寒；应激（心理应激、营养应激、环境应激）；仔畜没有早期补饲、断奶后突然过食；饲喂不定时定量；喂食习惯的改变或饲料突然变更；久渴失饮或饮水不洁；饲料饮水过冷过热；长途运输等。

2. 饲料因素

饲料品质不良（霉变、原料质量差）；植物蛋白过高；饲料加工调制不当，如生喂豆类；长期添加抗生素使肠胃菌群结构和机能发生紊乱；饲料颗粒过粗或过细，混杂大量泥沙等。

3. 机体因素

初生动物消化器官发育不全（如胃底腺）、缺乏游离盐酸；消化酶不足等。

4. 病原因素

（1）细菌感染　大肠埃希菌病、沙门菌病、B型或C型魏氏梭菌病、多杀性巴氏杆菌病、链球菌病、耶尔森菌病、空肠弯曲杆菌病、白色念珠球菌病、原壁菌病、猪痢疾密螺旋体病等。

（2）病毒感染　牛恶性卡他热、轮状病毒病、冠状病毒病、腺病毒病、牛病毒性腹泻、传染性胃肠炎、流行性腹泻、伪狂犬病、慢性猪瘟、新城疫、传染性法氏囊病、犬瘟热、犬细小病毒病、猫泛白细胞减少症、猫免疫缺陷病毒病等。

(3)寄生虫感染　线虫病、孢子虫病、小袋纤毛虫病、球虫病、结节虫病、附红细胞体病、住白细胞原虫病、棘口吸虫病、肉孢子虫病等。

5. 其他

有机磷、有机氟、砷、铜、氯化钠、汞、钼、氟、硝酸盐、有毒植物、真菌毒素等中毒，无乳症，铁缺乏，犬、猫的食物过敏，急性胰腺炎，肾上腺机能低下，甲状腺功能亢进，肠道肿瘤，充血性心力衰竭，肉芽肿性肠炎等。

二、症状诊断

1. 分析其流行特点

暴发性发生，迅速传播的腹泻一般与病毒性因素有关；隐性发生，缓慢传播，随时间逐渐加重的病例，往往与细菌病或寄生虫病有关。

2. 观察粪便的性状、颜色

黄色粪便见于仔猪腹泻；灰白色腹泻，含有凝乳团，多为仔猪白痢；腹泻似水，色泽不一，或黄绿色，常见于传染性胃肠炎；新鲜粪便(通过挤压腹腔获得)，pH 呈酸性，多为传染性胃肠炎和轮状病毒性肠炎。而其他肠病引起的腹泻粪便多呈碱性，粪便中混有血液或呈黑色，则为出血性炎症，如猪的血痢或魏氏梭菌性肠炎、鸡球虫病、犬的细小病毒病；血液只附于粪球外部表面，并呈鲜红色时，是后部肠管出血的特征；血液均匀混于粪便中，并呈黑色时，说明出血部位在胃及前段肠道。粪便中混有脓液是化脓性炎症的标志；粪便中混有脱落的肠黏膜，则为伪膜性与坏死性炎症的特征等。

3. 了解患病动物的主要伴随症状

伴发热者可见于猪瘟、附红细胞体、急性细菌性痢疾、肠结核、败血症等；伴里急后重者见于急性痢疾、直肠炎和其他顽固性腹泻性疾病等；伴明显消瘦者可见于胃肠道恶性肿瘤及吸收不良综合征；伴皮疹或皮下出血者见于猪瘟、伤寒或副伤寒、过敏性紫癜等；伴重度失水者常见于分泌性腹泻，如霍乱及细菌性食物中毒等。

三、治疗

1. 去除病因，改善饲养管理

首先应查明和去除病因，针对病因实施治疗，对继发性胃肠疾病，重点治疗原发病，辅以对症处理。提供良好的饲养管理外界条件，如优质饲料、充足饮水、清新空气、适当运动等对于促进胃肠功能的恢复有重要意义。对有一定消化功能紊乱的病例宜给予适量易消化、柔软、含一定量蛋白质和碳水化合物的饲料，如青饲料、淀粉浆、麦麸粥、米汤等，但量不可太多，次数也不宜过于频繁。对消化机能高度障碍的病例，不宜急于给胃肠补给营养，否则会增加胃肠负担，加重病情。

2. 抗菌消炎或预防炎症

对胃肠疾病，尤其是胃肠炎症，应及时选用抗菌消炎药。常用药物包括呋喃类如呋喃唑酮

（痢特灵）；磺胺类如磺胺嘧啶；喹诺酮类如沙拉沙星、环丙沙星、恩诺沙星；土霉素、多西环素、阿莫西林、泰妙菌素、氟苯尼考等；抗菌中草药，如小檗碱（黄连素）、白头翁、大蒜等。

3. 清理胃肠，适时止泻

为减少胃肠内容物分解产物对胃肠道黏膜的刺激，对细菌性、病毒性、中毒性胃肠炎的早期病例，粪便恶臭或腥臭时，可以适当使用泻剂。常用泻剂有硫酸钠、硫酸镁、菜籽油、液体石蜡，但对中毒病例勿用油类泻剂。此外，当胃内容物过度充满或中毒的初期，可使用催吐剂。常用措施是皮下注射阿扑吗啡。当胃肠道已基本排空，粪便不再恶臭，或机体严重脱水时，宜收敛止泻，常用药物有鞣酸蛋白、次硝酸铋、活性炭。重点要把握好缓泻与止泻的用药时机。

4. 避免内毒素中毒与脱水

胃肠炎的经过中，在机体脱水的同时，炎性产物、腐败产物及细菌毒性产物，尤其是内毒素被大量吸收而发生中毒。因此，在使用抗生素时应配合使用糖皮质激素。常用的糖皮质激素包括地塞米松、氢化可的松、醋酸可的松等。同时要补充有效血液循环量，解除微循环障碍，可选用5%～10%葡萄糖注射液、5%葡萄糖盐水、低分子右旋糖酐和5%碳酸氢钠注射液等，当静脉注射困难时，可改为腹腔注射。对心动减弱、静脉淤血、脉弱无力的病例，在补液时常用安钠加或樟脑以增强心肌收缩力。

5. 镇痛止血

有严重腹痛和出血时，可用水合氯醛或颠茄酊口服或灌肠，同时选用仙鹤草、止血敏、安络血、云南白药、维生素 K_3 等。

6. 调整胃肠

对口腔润湿、舌体绵软、肠音高朗、粪便稀薄色淡的病例，可选用B族维生素、健胃散等，同时喂食一定量蛋白质的饲料。对口腔干燥、舌体短肿、肠音减弱、排粪迟滞、粪色深黑的病例，可使用10%稀盐酸或食醋、1%～3%乳酸等。可同时使用苦味健胃药。对腹围膨大的病例，宜选用芳香味或辛辣健胃剂，如陈皮酊、小茴香酊等。

技能三　便血的处置

【技能目标】

掌握常见便血性疾病的诊断思路及其治疗措施。

消化道出血并由肛门排出称为便血。便血颜色可呈鲜红、暗红或黑色（柏油便）。少量出血不造成粪便颜色改变，须经潜血试验才能确定的，称为潜血便。

一、病因

1. 胃肠损伤

胃肠损伤如胃肠道异物损伤，胃肠黏膜、黏膜下层破裂出血，出现便血。

2. 胃肠道炎症

胃肠道炎症见于病原微生物或寄生虫性疾病，病原体及毒素作用于胃肠壁导致发炎或溃疡，引起毛细血管损伤出血，出现便血。

3. 肠道血液循环障碍

肠套叠、肠梗阻等病时，因肠道梗阻及肠系膜动脉栓塞，常常在短时间内发生肠道血液循环障碍，造成组织缺血、坏死，甚至出血。

4. 毛细血管通透性增加

某些中毒性疾病引起毛细血管通透性改变，发生胃肠道出血。

二、症状诊断

1. 便血的一般症状

便血主要是粪便带血，若出血量不多则全身症状不明显，如短期内出血量多，则可出现贫血及外周循环衰竭症状。

便血颜色可因出血部位不同、出血量的多寡、以及血液在肠腔内停留时间的长短而异。

(1)上消化道或小肠出血，血液在肠内停留时间较长，因红细胞破坏后，血红蛋白在肠道内与硫化物结合形成硫化亚铁，故粪便呈黑色，由于附有黏液而发亮，类似柏油，故又称柏油便。

(2)下段消化道出血，如出血量多呈鲜红色；若停留时间较长，则可为暗红色，粪便可全为血液或与粪便混合。

(3)血色鲜红不与粪便混合，仅黏附于粪便表面或于排便前后有鲜血滴出或喷射出者，提示为肛门或肛管疾病。

2.便血的诊断思路

(1)便血伴有腹痛　动物腹痛或有黄疸伴便血时，应考虑肝、胆道出血；还见于急性出血性坏死性肠炎、肠套叠、肠系膜血栓形成或栓塞。腹痛时排血便或脓血便，便后腹痛减轻者，见于细菌性痢疾，也见于溃疡性结肠炎。排血便后腹痛不减轻者，常为小肠疾病。

(2)便血伴有里急后重　排便频繁，但每次排血便量甚少，提示肛门、直肠疾病，见于痢疾、直肠炎。

(3)便血伴有发热　便血伴发热，常见于传染性疾病，如败血症、流行性出血热、钩端螺旋体病等。

(4)便血伴有全身出血倾向　便血伴皮肤黏膜出血者，可见于急性传染性疾病及血液疾病，如白血病等。

(5)观察血性粪便的颜色、性状及气味　阿米巴性痢疾的粪便多为暗红色果酱样的脓血便；急性细菌性痢疾为黏液脓性鲜血便；急性出血性坏死性肠炎可排出血性水样粪便，并有特殊的臭味。食用动物血、肝脏等也可使粪便呈黑色，服用铁剂及中药等药物也可使粪便变黑，用潜血试验可以鉴别。

3.常见便血性疾病

(1)感染性出血性疾病　沙门菌性肠炎、肠炭疽、肠结核病、急性细菌性痢疾、钩端螺旋体病、流行性出血热、血吸虫病、钩虫病、鞭虫病、败血症，此外，还应注意猪痢疾、非洲猪瘟、C型产气荚膜梭菌病；猫泛白细胞减少症；禽球虫病、禽坏死性肠炎、禽溃疡性肠炎等。

(2)全身性疾病　白血病、血小板减少性紫癜、过敏性紫癜、血友病、遗传性毛细血管扩张症、维生素C及维生素K缺乏症、肝脏疾病等。

(3)消化系统疾病　胃溃疡、十二指肠溃疡、慢性胃炎、急性出血性坏死性肠炎、肠套叠等。

(4)中毒性疾病　有机磷、有机氯、磷化锌、灭鼠灵、马杜霉素；蓖麻及蓖麻饼、菜籽饼、毒芹、马铃薯苗、斑蝥等都可引起便血。

三、治疗

1.去除病因

首先查明原因，针对病因实施防治。

2.止血镇痛

可选用止血敏、安络血、云南白药、维生素K_3、仙鹤草等止血药进行止血。伴有严重腹痛时，可用水合氯醛或颠茄片口服。

3.抗菌消炎和对症治疗

参见技能二腹泻的处置相关内容。

技能四　便秘的处置

【技能目标】

了解功能性便秘与器质性便秘的原因，掌握便秘的治疗原则。

便秘是指由肠内容物停滞、变干、变硬而使某段或某几段肠管发生完全或不完全阻塞的一组腹痛病。按积粪部位可分为小肠便秘和大肠便秘。按发生的原因和病理生理过程可分为功能性便秘和器质性便秘。

一、病因

1.功能性便秘

(1)采食量少或日粮中缺乏纤维素，对肠运动的刺激减少。

(2)全身性疾病造成消化机能紊乱、肠运动机能障碍，如猪繁殖与呼吸综合征、应激综合征。

(3)肠道肌肉、腹肌及盆肌张力不足和胃肠蠕动减弱，排便推动力不足，难以把粪便排出体外。

(4)饮水不足或发热性疾病时水分吸收过多。

(5)应用吗啡类药、抗胆碱能药、神经阻滞药等使肠肌松弛引起便秘。

(6)脊髓损伤、脑炎等使肠排便过程的神经及肌肉活动障碍，如排便反射减弱或消失、肛门括约肌痉挛、腹肌及收缩力减弱等。

2. 器质性便秘

(1)直肠与肛门病变引起肛门括约肌痉挛,排便伴痛造成惧怕排便,如肛裂、肛周脓肿和溃疡、直肠炎。

(2)腹腔、盆腔和结肠良性或恶性肿瘤压迫。

(3)各种原因的前段消化道炎症、肠梗阻、肠粘连、先天性巨结肠症等。

(4)全身性疾病使肠肌松弛,如尿毒症、铅中毒引起肠肌痉挛也可导致便秘。

二、症状诊断

便秘的临床症状,因秘结的程度和部位不同而异。一般症状是患病动物排粪时用力努责,肛门突出,严重时可造成直肠脱,胃肠蠕动音减弱或消失;动物便秘时常反射性地引起厌食,完全阻塞时食欲很快废绝;由于积食、积气肠管扩张,并受到结粪持久的刺激而出现肠管阵发性痉挛,导致腹胀与腹痛;当十二指肠便秘时,可引起呕吐和碱中毒;便秘可通过胃肠反射引起继发性胃扩张,严重时,由于粪便对肠壁神经和血管的机械性压迫,导致肠管麻痹、缺血、炎症和坏死;便秘时,粪便发酵和腐败分解产物大量被吸收,引起中毒,加之炎症感染,严重时导致休克;如果便秘肠管压迫膀胱颈,可引起膀胱麻痹和尿闭。

三、治疗

以疏通为主,兼顾镇痛、减压、补液、强心。

1. 镇痛

常用安乃近、氯丙嗪溶液肌内注射,或用水合氯醛酒精(5%)、硫酸镁 (20%)溶液静脉注射。

2. 减压

运用导胃排液和穿肠放气,减低胃肠内压。

3. 疏通

软化积粪,疏通肠道。用硫酸钠或硫酸镁加水适量,灌服。也可用温盐水、肥皂水、温水或2%小苏打水进行深部反复灌肠(妊娠动物禁用)。也可用直肠按压法、剖腹按压法等排除结粪。

4. 促进胃肠蠕动

在投服泻药后数小时、肠音尚存在的情况下,可皮下注射新斯的明,或 2%毛果芸香碱,或口服大黄末,但妊娠动物禁用;注射 B 族维生素。

5. 排除积粪

腹部按摩或手指涂油后掏出直肠积粪。

6. 补液强心

纠正脱水失盐,调整酸碱平衡,维护心肾功能。

7. 改善饲养管理

加强护理,即使病畜食欲尚好,也应少喂或暂时停喂饲料,给予大量温水,或代之以营养液灌肠或输液。

技能五 腹痛的处置

【技能目标】

区别真性腹痛、假性腹痛、症候性腹痛，掌握腹痛的治疗原则。

一、病因

腹腔脏器发生急性功能失常或各种器质性病变均可发生腹痛，可分为3类。

(1)真性腹痛　指由胃肠疾病所引起的腹痛。按发病部位分为胃性腹痛和肠性腹痛，如胃扩张、肠痉挛、肠变位、肠阻塞等。

(2)假性腹痛　指除胃肠疾病以外，其他脏器的病变所引起的腹痛，如膀胱结石、子宫扭转、腹膜炎等。

(3)症候性腹痛　指除真性腹痛和假性腹痛以外，由其他疾病所引起的腹痛，如疝、中毒性疾病等。

二、症状诊断

1. 病史调查

(1)发病时间与经过　在采食后1～4 h发生腹痛者，多为急性胃扩张、肠臌气。发病缓慢、时间在数天甚至更长者，多为肠阻塞。发病急剧并在1～2 d内死亡的应怀疑为胃肠破裂等。

(2)腹痛表现　持续性腹痛表示腹部有炎症性疾病；阵发性腹痛多表示腹腔脏器有梗阻或痉挛性疾病。

(3)排粪和排尿情况　排粪干、量少，多为大肠阻塞；肠痉挛时常排稀粪，粪中无恶臭和异物；急性肠胃炎时排出恶臭带有脓血和其他异物的稀粪；肠梗阻时可能导致排粪、排尿停止；不排尿可能为尿道阻塞或膀胱破裂。

2. 临床特征

(1)体温、呼吸、脉搏测定　体温升高可提示由炎性疾病如腹膜炎、胃肠炎等造成，便秘疝、肠痉挛、肠臌气、胃扩张等体温基本在正常范围之内；脉搏和呼吸数与体温变化基本一致，脉搏数的增加对脱水程度的判断有一定的参考价值。

(2)腹痛的观察　对推断疾病的性质、部位有一定的参考价值，同时腹痛程度与疾病发展的快慢有关。一般在病的初期和中期，腹痛比较明显而剧烈，待发展到后期，往往腹痛会有所缓和。

(3)腹部大小及对称性观察　腹部急剧膨大，可能为胃扩张-胃扭转综合征。

(4)听诊胃肠蠕动音　有助于分析病情。

(5)粪便的观察　注意排粪量及其硬度，同时注意粪便内有无血液、黏液、脓汁等。

三、治疗

镇静解痉、减压消胀、导滞通便、补液强心、精心护理。

1. 镇静解痉

镇静解痉是治疗腹痛的一种对因疗法，可减轻疼痛对大脑皮层的刺激，调整神经系统功能，适用于各种腹痛病，特别是痉挛性腹痛病；也可防止因动物卧地剧烈滚转所致的并发症。中兽医临床常用针刺分水、姜牙、三江、耳尖等穴位来缓解肠痉挛引起的腹痛。同时视病情可酌选安乃近、水合氯醛、水合氯醛酒精液等镇静剂。

2. 减压消胀

减压消胀旨在排除胃、肠内积气、积液，缓解对膈、心脏和腹腔血管的压迫，改善氧和血液的供应。常用措施有导胃、盲肠穿刺和瘤胃穿刺。

(1)导胃　旨在排除胃内积食、积气、积液，降低胃内压力，促进胃排空机能恢复，适用于急性胃扩张、瘤胃积食、瘤胃过食谷物中毒。为增强排除胃内容物效果，多采用洗胃法，灌入一定量的常水或碳酸氢钠液(瘤胃过食谷物中毒用 2%石灰水，不用碳酸氢钠液)，把胃内积食冲洗出来。

(2)盲肠穿刺　旨在排除盲肠内积气，在马急性肠臌气，腹围高度膨大，有窒息危象时应用。实施盲肠穿刺，必须注意两点：一是排气不要过猛，应间歇性排气；二是排气完毕，最好经穿刺针注入一定量的制酵剂。马轻度肠臌气时可针刺后海、大肠俞等穴。

(3)瘤胃穿刺　旨在排除瘤胃内积气，瘤胃臌气时使用。注意事项同盲肠穿刺，为制止瘤胃内继续产气，尤其是泡沫性瘤胃臌气，最好经穿刺针注入消沫药，如 2%二甲基硅油或植物油等。

3. 导滞通便

疏通瘤胃和肠管，是治疗瘤胃积食和便秘性腹痛病的根本措施，可酌情选用新针疗法、直肠按压和缓泻等治疗方法。

(1)直肠按压　按压法、捶结法适用于小结肠和骨盆曲的便秘；握压法适用于十二指肠和回肠的便秘；切压法适用于盲肠及胃状膨大部的便秘；直取法只用于直肠便秘。

(2)缓泻　常用硫酸钠(牛用硫酸镁较好)、食盐、液体石蜡、碳酸钠、或碳酸盐缓冲合剂。犬、猫还常用灌服香油或蜂蜜缓泻。

4. 补液强心

腹痛动物脱水均比较严重。重症病例脱水量可达体重的 16%，适时补足体液，选用适当的强心剂，对维护和改善动物全身状态，具有十分重要的意义。

5. 精心护理

对腹痛动物的护理，最重要的是专人护理，防止动物卧地滚转引起肠变位、胃或肠破裂等继发症；腹痛动物治愈后应适当禁食，以防疾病复发；严密监护腹痛危象的发生，并及时采取急救措施。

技能六 呼吸障碍的处置

【技能目标】

了解呼吸障碍的致病因素，掌握呼吸障碍的治疗原则。

呼吸障碍即呼吸运动、呼吸类型、呼吸频率和呼吸节律发生改变，呈现一种复杂的病理性变化，临床上以呼吸困难、气喘、咳嗽、流涕为主症，伴随循环、消化等系统功能紊乱的一种综合征。近年来，猪的呼吸障碍综合征发病率和死亡率尤显突出。因此，本技能以猪为例叙述呼吸障碍的诊断和处理。

一、病因

(1)传染病因素　并发感染2～4种甚至更多种传染病，最重要、最常见的有猪繁殖与呼吸综合征、猪流感、伪狂犬病、猪瘟、链球菌病、副猪嗜血杆菌病、放线菌病、巴氏杆菌病、沙门氏菌病、萎缩性鼻炎、支原体肺炎、霉菌性肺炎等。疾病感染开始于保育期或哺乳期，甚至年轻母猪携带病原而在猪场传播。

(2)猪场管理及硬件　猪群拥挤、环境条件不良、空气流动及空气质量不佳，猪群来源不同、用药计划及免疫计划没有克服存在的问题；摄入了霉菌毒素污染的饲料，致使猪群健康状况及抵抗力下降。

(3)其他疾病　心血管系统疾病、血原性疾病、中毒性疾病、免疫抑制性疾病、应激等都是猪的呼吸障碍综合征的重要病因。

二、症状诊断

病猪精神沉郁、摄食量减少、咳嗽、呼吸困难、急性期体温升高，可发生急性死亡。某些病例由急性变为慢性或从一猪舍变为地方性流行，各阶段畜群生长不均匀，个体大小参差不齐，表现消瘦毛长、皮肤苍白、拱背收腹、腹式呼吸、咳嗽声嘶哑无力。如出现混合性感染则死亡率明显升高，猪的呼吸障碍综合征发病猪场还有可能出现流产、早产、死胎、木乃伊胎；母猪配种后返情率高；生长猪群病猪体弱、消瘦、打喷嚏、泪斑、结膜炎、喘气、腹泻等症状。

三、治疗

强化管理、免疫、抗菌消炎和对症治疗。

1. 强化管理

(1)加强猪场消毒　一年四季选用有针对性的消毒药水对猪场的圈舍、外围进行定期消毒，对饲料、车辆、行人进行控制消毒。

(2)加强饲料管理　对饲料的质量特别是霉菌毒素的含量要进行监控，从源头上控制霉菌毒素对猪的危害。

2. 加强免疫和监测

对猪场及周边区域出现的一些引起猪的呼吸障碍综合征的重大传染病如猪繁殖与呼吸综

合征、伪狂犬病、副猪嗜血杆菌病、链球菌病等要制定切实可行的免疫、监测计划并付诸实施。

3. 抗菌消炎

选用对呼吸道敏感的药物如氟苯尼考、泰妙菌素、泰乐菌素、替米考星、林可霉素、大观霉素、头孢类药物，进行注射或拌料饲喂。在拌料喂饲时适当配合使用一些清热解毒、清肺、止咳平喘的中药以及霉菌毒素吸附剂等。

4. 对症治疗

止咳可选用复方甘草合剂；平喘可用氨茶碱注射液；祛痰可选用氯化铵、远志酊等。也可在饲料中添加枇杷叶、贝母、杏仁、甘草、桔梗等中药。

技能七 繁殖障碍的处置

【技能目标】

了解繁殖障碍的致病因素，掌握繁殖障碍的防治措施。

繁殖障碍是指妊娠期发生流产、死胎、木乃伊胎、产出无活力的弱仔、畸形仔、少仔和公母畜的不孕、不育症等。繁殖障碍以猪最为多见，随着养殖业规模化的不断发展，猪繁殖疾病已成为大中型饲养场最重要疾病之一，本文重点介绍猪的繁殖障碍。

一、病因

(1)传染性因素　有细菌病如布鲁氏菌病；病毒病如猪繁殖与呼吸综合征、乙型脑炎、细小病毒病、伪狂犬病、猪瘟、圆环病毒病等；衣原体病；钩端螺旋体病；弓形体和附红细胞体病等。

(2)非传染性因素　子宫内的细菌感染如化脓杆菌、葡萄球菌、大肠埃希菌等。

(3)环境因素　猪舍卫生条件差，氨气浓度高，夏季和冬季无防暑和防寒措施(如妊娠母猪适宜的温度为 14～24 ℃)。

(4)饲料营养因素　饲料营养配合不科学，引起营养缺乏或过剩，使孕猪过瘦或过肥以及矿物质元素钙、磷、铜、碘、锌、锰、硒、铬及维生素 E 的缺乏。

(5)管理因素　饲喂变质或霉变饲料；对怀孕母猪特别是妊娠中、后期没有采取良好的保护措施，如孕猪移动频繁、多头孕猪同圈饲养，相互抢食，相互攻击。

(6)遗传因素　近亲繁殖和遗传性疾病。

二、症状诊断

(1)发情不明显，发情期短，假发情或发情不愿接受交配，返情；断奶后不发情或发情间隔延长。

(2)母猪流产，早产，晚产。

(3)产死胎、木乃伊或畸形胎，产出活的弱小仔猪，也可产出眼观正常的仔猪。

(4)急性病例持续高热、厌食，流产后体温、食欲恢复正常。

(5)产仔后少奶、无奶,缺乏母性。

(6)乳腺炎、阴唇水肿、阴道炎、阴道流出脓性黏液或似石灰样的分泌物等。

三、防治

1. 预防

猪繁殖障碍性疾病的防制要多学科共同协作,应用全面的分析方法,对发病场猪繁殖障碍产生原因进行具体分析,从猪场所处的地理位置、栏舍布局和结构、种猪的引进、饲养管理、生产经营、营养结构、环境与生态、疾病控制措施和方法等方面进行剖析,具体应从以下几个方面入手。

(1)加强饲养管理　充分认识均衡营养、优质饲料对防制繁殖障碍疾病的重要性。在使用饲料过程中,必须根据种猪、肥猪的各阶段营养需要进行合理配置,确保矿物质元素钙、磷、铁、铜、锌、锰、碘、铬、硒和维生素 E 的正常供应,确保必需氨基酸特别是赖氨酸的平衡,确保饲料不发霉、不变质。

(2)加强环境控制,减少病原滴度　一是保证猪群正常生长所必需的生活条件;二是建立严格的消毒制度。定期对猪舍地面、墙壁、设施及用具进行消毒,保持舍内空气流通,加强冬季保温、夏季防暑降温。三是加强排泄物、病死猪管理。对正常猪的粪、尿进行发酵或作沼气处理,对患病猪的粪尿、乳、流产的胎儿、胎衣、羊水及病死猪进行焚烧等无害化处理。

(3)加强生物安全,严把引种检疫关　严防带毒带病猪进入猪场是防止疫病发生的重要措施。引种时应认真了解供种单位的免疫程序和疫情,严禁到疫区引种和购买公猪的精液。引进后要在场外隔离观察检疫两周,并进行相关的监测,接种有关疫(菌)苗产生免疫力后,才可入场饲养。同时要消灭鼠、蝇、蚊传播媒介,严防犬、猫、飞鸟等其他动物进入栏舍。

(4)建立健全合理的免疫程序　猪繁殖障碍症的主要病因是病原性因素。因此,制定一个切合本场实际的免疫程序,是十分重要的。各个猪场要把对本场危害较重的繁殖障碍病原如猪繁殖与呼吸综合征、伪狂犬病、细小病毒病、乙型脑炎和布鲁氏菌病等纳入猪场整体免疫程序中。

(5)严格执行疫(菌)苗接种操作规程,确保接种密度和质量　给猪接种疫(菌)苗,是提高其机体特异性抵抗力,降低易感性的有效措施。要提高防疫人员的操作技能和防疫意识,做到疫(菌)苗保管严格按标示的保管方法执行,接种严格按操作规程进行,防疫密度做到 100%,特别对本场出现过的疫情,做到高密度、高质量、坚持连续 3～5 年的预防接种,控制和净化该病的目的一定会实现。

(6)加强母源抗体监测和检疫　仔猪体内母源抗体水平的高低,直接影响和干扰抗体滴度,甚至完全抑制抗体的产生。为防止母源抗体对疫苗免疫效果的影响,对某些传染病定期进行母源抗体监测,选择无母源抗体或母源抗体滴度较低的时间接种疫苗,提高对疾病的抵抗能力。规模猪场应每年至少进行一次母源抗体监测,以便随时了解和掌握本场猪群母源抗体水平,确定初免时间,适时进行预防接种。同时坚持淘汰血清阳性猪,对控制疫病有着十分重要的作用。

(7)用中草药进行有效的早期预防　应用无残留、无抗药性和无毒副作用的中草药对防制猪的繁殖障碍性疾病有重要作用,用清热、解毒、保胎、健胃中草药粉碎成细末,按日粮总量的

1%添加到饲料中，既加强抑制和排斥病原体在体内增殖和生存，还有促进生长作用。

(8)发生可疑病猪应及时送检　规模猪场一旦发生可疑病猪，兽医人员不能确诊时，应迅速采集病料或将未经治疗的病猪，送兽医部门进行检验，待确诊后，对症按规定防制。

2. 治疗

繁殖障碍的原因很多，必须找出具体病原后才能对症下药。如果是由病原生物引起的，按照相关的疾病进行处理；如果是附红细胞体引起的，可使用土霉素、多西环素注射和口服等；如果是由环境、饲料、管理因素引起的，从改善饲养管理入手，换用优质饲料。

技能八　贫血的处置

【技能目标】

学会失血性贫血、溶血性贫血、营养性贫血的治疗。

贫血是指单位体积循环血液中的血红蛋白浓度、红细胞数、红细胞比容低于正常值。贫血常是很多疾病过程中的一个症状，而不是一个独立的疾病。

一、病因

(1)出血性贫血　急性出血性贫血见于血管受损伤，内脏出血，肝脾破裂，某些中毒病(草木樨中毒、蕨类植物中毒及三氧乙烯脱脂的大豆饼中毒)等。

(2)溶血性贫血　发生于传染病、寄生虫病、中毒病及抗原抗体反应中，红细胞遭受溶血性细菌、钩端螺旋体、血液原虫及有毒物质的破坏，引起溶血。

(3)营养性贫血　由造血物质不足所引起的贫血，见于微量元素、维生素及蛋白质的缺乏。一般发生于缺铁地区或饲料中铁供应不足，异嗜和消化机能紊乱的动物最易发生。

(4)再生障碍性贫血　造血器官(主要是骨髓)受到放射性损伤，植物中毒，磺胺酰胺、氯霉素过敏及放射线、重金属等引起的损伤均可造成此类贫血。

二、症状诊断与治疗

1. 失血性贫血

(1)急性失血性贫血　起病急，可视黏膜迅速苍白、体温低下、四肢发凉、脉搏细弱、出冷黏汗，乃至出现低血容量性休克而迅速死亡。其血液学变化，是大出血后的 24 h 内，血液稀薄，红细胞数、血红蛋白及红细胞比容平行减少。

(2)慢性失血性贫血　可视黏膜苍白，在后期常伴有四肢和胸腹下浮肿，乃至体腔积水。

(3)治疗　外出血时，可用结扎止血或敷以止血药。内出血时，马、牛可静脉注射氯化钙溶液或肌内注射维生素 K 制剂，或其他止血剂。静脉注射 5%葡萄糖生理盐水 1 000～3 000 mL，其中加入 0.1%肾上腺素液 3～5 mL。条件许可时，最好迅速输给全血或血浆 2 000～3 000 mL，隔 1～2 d 再输注 1 次。慢性失血性贫血应积极治疗原发病和全面补给造血物质。

2. 溶血性贫血

(1)急性溶血性贫血 骤然起病,寒战、高热,病畜并发狂躁、呕吐、腹痛、腹泻等胃肠道症状。由于溶血迅速,血红蛋白大幅下降;血红蛋白尿,发病 12 h 后,出现黄疸。

(2)慢性溶血性贫血 起病缓慢,可有贫血、黄疸及脾肿大症候群,主要表现为皮肤苍白,气短。若溶血未超过骨髓代偿能力时不出现贫血症状。由于肝脏消除胆红素功能很强,黄疸转为轻度。长期持续溶血,可并发胆石症和肝功能损害,血液中出现大量的胆固醇、类脂质和脂肪。

(3)治疗 原则是消除原发病,给予易消化的营养丰富的饲料,输血并补充造血物质。重点是消除感染,排除毒物,输血换血。

3. 营养性贫血

(1)营养性贫血 各种动物均可发生,但新生仔猪尤为常见。表现为起病徐缓,可视黏膜逐渐苍白、体温不高、病程较长。

(2)防治 新生猪生下来第 4 天注射铁钴注射液 1 mL;采食的动物在饲料中添加硫酸亚铁散剂或制成丸剂投服。

技能九 中毒的处置

【技能目标】

掌握中毒病的特征及其治疗方法。

凡在一定条件下,以一定数量进入动物体并呈现毒害作用,造成组织器官机能障碍、器质病变乃至死亡的物质,称为毒物。由毒物引起的疾病,称为中毒病。

一、分类

按毒物的性质可分为农药中毒、饲料中毒、真菌毒素中毒、有毒植物中毒、矿物质中毒、药物中毒、有毒气体中毒和动物毒中毒 8 类。

按起病特点和病程可分为急性中毒、亚急性中毒和慢性中毒。

二、共同特征

中毒病种类繁多,且是群发性疾病,应首先与其他群发性疾病区别,进行大类鉴别诊断。动物中毒病应具备以下特征:

(1)多数动物同时或相继发病。在同一饲养管理条件下,同槽、同圈或同牧地的动物突然成群发病或相继发病。其中健壮、采食量大、采食时间长的动物发病严重且死亡率高。

(2)患病动物出现共同的症状如腹痛腹泻、兴奋不安、运动失调、流涎呕吐、呼吸困难、瞳孔缩小或散大、血粪血尿等一系列临床症状,心、肝、肾和消化道出现相似的剖检变化。

(3)患病动物往往有接触或摄入同一种毒物的生活史，而不发生同居感染现象。

(4)患病动物体温多不升高，有的甚至体温降低，但并发重剧炎症或肌肉强烈痉挛的可能发热。

三、诊断

(1)病史调查　一要注意了解草料质量、种类、保管和加工调制情况。附近是否堆放或使用过农药、化肥及其种类；周围有无厂矿及环境污染情况；是发生在放牧中还是舍饲中；厩舍附近和牧地上有无可疑的包装物品或容器，以及有关的社会情况等。二要注意中毒的发生情况。在放牧中发生中毒的，可能是误食了有毒植物，或偷食了喷洒过农药的作物，或误饮了化工厂附近的废水等；在舍饲中发生中毒的，则可能是采食了霉败草料或加工调制不当的饲料，或采食了拌过农药的种子，或误用配制农药的容器给动物饮水，或是坏人的破坏放毒等。三要注意中毒发生的季节性。一般说来，农药中毒多发生在播种季节或使用农药的时期，有毒植物中毒多发生在植物幼嫩的春季或开花结实的秋季，霉败饲料中毒多发生在阴雨潮湿的季节。

(2)临床特征　对中毒的动物，不但要进行全面的临床检查，尤其要注意可能出现的特有症状，并对所收集到的症状，参照病因调查所提供的线索，进行综合分析，排除类症，逐渐缩小可疑毒物的范围。根据临床症状，可大致推断中毒的类型。

①以呼吸困难为主要症状的中毒病　亚硝酸盐中毒、氢氰酸中毒、一氧化碳中毒、黑斑病甘薯中毒、二氧化碳中毒。

②以神经系统机能障碍为主要症状的中毒病　有机磷农药中毒、有机氯农药中毒、食盐中毒、马铃薯中毒、醉马草中毒、氟乙酰胺中毒、尿素中毒、铅中毒、蛇毒中毒。

③以消化障碍为主要症状的中毒病　棉籽饼中毒、酒糟中毒、蓖麻子中毒、砷中毒、汞中毒、钼中毒、铜中毒、磷化锌中毒、硒中毒、黄曲霉毒素中毒。

④以皮肤损害为主要症状的中毒病　光敏效应植物中毒、蜂毒中毒、牛霉稻草中毒。

⑤以骨骼、牙齿损害为主要症状的中毒病　慢性氟中毒。

⑥以血液循环障碍为主要症状的中毒病　夹竹桃中毒、闹羊花中毒等。

(3)剖检变化　注意消化道内容物的气味、色泽和性状；血液的凝固性、色泽；注意内脏器官有无糜烂、坏死、出血、肿胀、变性等病变。注意与传染病和寄生虫病鉴别诊断。

(4)毒物检验　进行毒物检验时，可采集足够量的可疑饲料、呕吐物、胃肠内容物、粪尿以及血液、肝脏、肾脏等组织作检样。所采集的检样要用清洁的玻璃器皿或瓷罐盛装，绝不可用金属器皿或陶土容器。检样内不得加入任何防腐剂。检样必须加贴标签，注明检样名称、送检目的和采样日期。

(5)动物试验　给同种动物或试验动物饲喂或饮用怀疑染毒的饲料、牧草或饮水，看是否具有与自然病例有相同或相似的症状和剖检变化。

四、治疗

切断毒源，促进毒物排出，药物解毒和支持疗法。

1. 切断毒源

对可疑的饲料、饮水、牧场、器具等，应立即更换；对疑似有毒气体中毒的，要立即通风，呼吸新鲜空气；对疑似体表染毒的，立即用清水或弱碱性、弱酸性的溶液冲洗。眼睛染毒的，可用3%硼酸、2%碳酸氢钠或清水冲洗。

2. 促进毒物排出

通常采用的方法有催吐法、洗胃法、吸附法、缓泻法、灌肠法，泻血，利尿等方法。

(1)催吐法　一般只适用于猪、犬、猫等中小动物，通常在中毒 4～6 h 内进行。

常用的药物有：阿扑吗啡(去水吗啡)，0.05～0.10 mg/kg 体重，灌服，但要注意猫禁忌使用；吐根糖浆，10～20 mL 灌服；硫酸铜，猪 0.1～1 g，犬 0.1～0.5 g 灌服。

催吐剂禁用症：摄入腐蚀性毒物，或胃肠、食道黏膜受损的动物；昏迷和半麻醉的动物；不具有咳嗽反射机能的动物；惊厥动物。

(2)洗胃法　对于从消化道进入的毒物，应尽早地实施洗胃。但本方法只适用于马、牛、骡等大动物。其操作步骤为，首先抽出胃内容物，继而用洗胃液或洗胃剂反复冲洗，最后经胃导管灌入解毒剂、泻剂或保护剂。常用的洗胃剂有：

①清水是最常用的洗胃剂，也可根据毒物的种类和性质，选用不同的洗胃剂，通过吸附，沉淀、氧化、中和等作用，使其失去毒性，或阻止其吸收。

②1%～2%食盐水，常用于毒物不明的急性中毒。砷化物中毒时，亦可用生理盐水洗胃。

③解毒剂配方为药用炭粉 2 份，鞣酸、氯化镁各 1 份混合而成，使用时，按 50 g 解毒剂加温水 500 mL 的比例制成的洗胃剂。它可吸收、沉淀和中和毒物，可用于各种经口摄入的毒物中毒。洗胃后，要注意再用清水冲洗，但该洗胃剂不适用于硫磷中毒。

④高锰酸钾液，其配制浓度可为 1/(2 000～5 000)，常用于巴比妥类、士的宁、砷化物、氰化物、无机磷中毒等。但因它能通过氧化作用增强 1059、1605、3911、乐果等有机磷的毒性，故上述农药中毒时，不宜使用。

⑤0.3%过氧化氢溶液，常用于无机磷、士的宁、氰化物等的中毒。因它易产生气体，所以，腐蚀性毒物中毒时禁用。

⑥2%碳酸氢钠溶液，用于生物碱、汞、铁及有机磷中毒，但敌百虫除外。因敌百虫在碱性条件下，可转化成毒性更强的敌敌畏，故禁忌使用。

⑦浓茶液或 1%～4%鞣酸溶液可用于重金属、生物碱等的中毒。

⑧0.2%～0.5%硫酸铜溶液主要用于无机磷中毒。

⑨1%葡萄糖酸钙或 1%氯化钙溶液主要用于氟化物或草酸盐中毒。

另外，对于反刍动物中毒，必要时可行瘤胃切开洗胃法。在禽中毒时，可采用嗉囊切开术，取出并冲洗毒物。

(3)吸附法　是先将毒物自然地黏合到一种不能吸收的吸附剂载体上，然后通过消化道排出毒物的一种方法。吸附剂能吸附胃肠道内各种有害物质，如重金属、生物碱、细菌、有毒代谢产物、色素及有毒气体等。最常用的吸附剂是“万能解毒药”(配方为活性炭 2 份，氧化镁、白陶土、鞣酸各 1 份混合而成)或活性炭。该方法往往与缓泻同时进行。

值得注意的是，吸附剂不能与其他药物同时配伍使用，否则既降低了它的功效，又减弱了药物的作用。

(4)缓泻与灌肠法　中毒时间较长，大部分毒物已进入肠道时，为防止毒物吸收和引起肠道刺激症状，则需采取缓泻与灌肠法。除生物碱中毒外，缓泻法与吸附法联合应用，效果更佳。食盐中毒、升汞中毒时，不能用盐类泻剂；磷化锌和有机氯农药中毒时，不能用油类泻剂；严重腹泻、脱水者也不能用泻剂。硫酸镁在肠道中可因镁离子吸收过多引起高镁血症，对中枢神经和心肌起抑制作用。因此，对昏迷的中毒者或中毒者心、肾功能不良时，硫酸钠比较安全。

对于马、牛、骡等大动物及猪，用温水、肥皂水、1%食盐水深部灌肠，也能起到良好的效果。

(5)放血法　毒物被机体吸收入血后，对严重中毒的动物，可适当放血以减少血液内的毒素。放血后可适当输血或输入等量的生理盐水。

(6)利尿法　多数毒物，尤其是水溶性毒物，可经肾脏排出，因此，应用利尿剂促进毒物由尿液排出，可内服利尿素。另外，静脉注射较大量的葡萄糖液与复方氯化钠溶液，既可稀释血中毒物，避免水、电解质代谢紊乱，又有利尿作用，也是促进毒物排出的好方法。应用利尿剂时，除应多饮水外，还要注意补充钠盐和钾盐。

3. 药物解毒

临床上对于已经确诊，且有特异性解毒剂的中毒病，要用特效解毒药迅速解毒。可选用特效解毒药救治的常见中毒病有：

(1)有机磷中毒　双解磷、双复磷肌内注射，首次量为 15～30 mg/kg 体重，以后每 2～3 h 用药一次，剂量减半；硫酸阿托品，一次用量，牛为 0.25 mg/kg 体重；马、羊、猪、犬为 0.5～1 mg/kg 体重，皮下或肌内注射。

(2)有机氟中毒　解氟灵，按 0.1～0.3 g/kg 体重，以 0.5%普鲁卡因稀释，分 2～4 次注射。

(3)亚硝酸盐中毒　通常用 1%亚甲蓝液，按照 0.1～0.2 mg/kg 体重，静脉注射。

(4)氰化物中毒　1%亚硝酸钠液，1 mL/kg 体重，静脉注射；同时 10%硫代硫酸钠液 1 mL/kg 体重，静脉注射。

(5)砷、汞中毒　二巯丙醇注射液，首次剂量，马、牛为 5 mg/kg 体重；猪、羊、犬为 2～3 mg/kg 体重，肌内注射。以后每隔 4 h 注射一次，剂量减半，直至痊愈。二巯基丙磺酸钠和二巯丁二酸钠比二巯丙醇作用强、疗效好。

(6)铜中毒　0.2%～0.3%亚铁氰化钾洗胃或 0.1%亚铁氰化钾灌服，也可用牛奶、豆浆或鸡蛋清加水灌服。二巯丙醇 2.5～5 mg/kg 体重，肌内注射。

(7)铅中毒　依地酸钙钠，按 110～220 mg/kg 体重，以 5%葡萄糖液配成 1%～2%溶液，缓慢静脉注射；二巯丙醇，用量参照砷中毒。

(8)钼中毒　硫酸铜，牛灌服 30～60 g/d，连用数日；皮下注射甘氨酸铜，犊牛 60 mg；成年牛 120 mg，每季度 1 次。

(9)蛇毒中毒　可选用抗蛇毒血清，用法及用量参见具体的说明书。或用中药治疗蛇毒中毒。

4. 维护全身机能

(1)输液　为稀释毒物，促进毒物排出，增强肝脏解毒机能，可静脉注射大量复方氯化钠液和高渗葡萄糖液等。一般先静脉注射葡萄糖液 500～1 000 mL，然后缓慢静脉注射复方氯化钠液 2 000～4 000 mL，3～4 次/d 。通常在静脉输液至不断排尿时，即改为点滴注射，一直持续到患病动物脱离危险期为止。为提高机体的一般解毒功能，大动物可静脉注射 20%硫代硫酸钠液 100～300 mL，2 次/d 。

(2)强心　当心力衰竭时，可选用适当的强心剂，如强尔心等。

(3)镇静　当中毒动物兴奋不安时，可应用溴化钠、安溴注射液等镇静药物。

(4)制止渗出　肺水肿时，可注射氯化钙液。

(5)输氧　呼吸机能衰竭时，吸氧，或注射 25%尼可刹米液。

(6)维持体温　体温低下时，应注意保温或用樟脑精涂擦四肢。

技能十　尿闭的处置

【技能目标】

掌握尿闭的临床症状及治疗原则。

尿闭是指泌尿机能正常而膀胱充满尿液不能排出的一种临床症状，又称尿潴留。见于尿道阻塞、膀胱麻痹、膀胱括约肌痉挛等。病畜多有尿意且伴有腹痛症状。剧烈疼痛可引起暂时性尿闭。

一、症状诊断

1. 膀胱麻痹

膀胱内充满大量尿液，病畜表现疼痛不安，屡做排尿姿势，但无尿排出，或只呈现线状或滴状排出。直肠检查可发现膀胱膨胀，用手压迫，则有大量尿液排出，但停止压迫尿即停流。插入导尿管，尿液呈无力状流出。膀胱括约肌麻痹时，由于尿液不能停留，故无排尿动作，而尿液呈滴状或线状自流，致使膀胱空虚而无不安表现。当膀胱肌和括约肌同时麻痹时，膀胱常呈半充满状态，排尿失禁或淋漓。

2. 膀胱痉挛

膀胱痉挛是膀胱括约肌或平滑肌挛缩所引起的排尿障碍。膀胱括约肌痉挛时，病畜排尿动作频频但无尿排出。直检膀胱充盈，按压不能引起排尿。导尿管插入困难。腹痛明显。膀胱平滑肌痉挛时，尿液不断流出，膀胱空虚，导尿管可插入膀胱。

3. 尿道结石

病畜不断出现排尿姿势，表现为尿频、尿痛、尿淋漓。直肠内或者体外触诊膀胱充满尿液。尿路探查，除龟头部可触知结石外，常见尿道中可探查到砂石阻塞部位。触诊病灶部敏感、疼痛。

4. 膀胱炎

急性膀胱炎主要是因膀胱肿胀、膀胱括约肌挛缩而引起尿潴留，其特征性症状是疼痛性的频繁排尿，持续性尿淋漓。直肠内触诊，膀胱通常空虚，有剧痛感。由于膀胱括约肌的痉挛性收缩，或膀胱颈的黏膜肿胀，可引起尿闭。尿液检查，主要表现为终末血尿，严重时可呈全程血尿。慢性膀胱炎的症状与急性的略同，但因病程很长，使病畜消瘦，若伴有尿路梗阻，则出现排尿困难，但疼痛现象较轻微。

5. 尿道炎

病畜频频排尿，排尿时，由于炎性疼痛致尿液呈断续状流出。尿液浑浊，其中含有黏液、血液或脓液，甚至混有坏死、脱落的尿道黏膜。触诊或导尿检查时，病畜表现疼痛不安，并抗拒或躲避检查。严重时，尿道黏膜糜烂、溃疡、坏死，或形成瘢痕组织而引起尿道狭窄或阻塞时，尿道肿胀、敏感，导尿管插入受阻及疼痛不安，直肠检查，膀胱充满。

二、治疗

查清病因、对症处理、抗菌消炎、促进尿液排出。

(1)膀胱炎在治疗时，常服用氯化铵，使尿液酸化后再用青链霉素。

(2)在确诊为尿道炎后，应禁止尿道插管。

(3)导尿时，应遵守操作规程，严禁粗暴，避免损伤尿道及膀胱黏膜。

任务小结

本任务介绍了发热、腹泻、便血、便秘、腹痛、呼吸障碍、繁殖障碍、贫血、中毒、尿闭十大症状的概念、病因、临床特征和治疗原则及方法。

复习思考题

简述发热、腹泻、便血、便秘、腹痛、呼吸障碍、繁殖障碍、贫血、中毒、尿闭等急症的处置操作。

参考文献

[1] 邓俊良.兽医临床实践技术[M].北京:中国农业大学出版社,2007.

[2] 倪耀娣.新编兽医临床诊疗学[M].北京:中国农业科学技术出版社,2012.

[3] 胡在钜.兽医临床诊疗技术[M].北京:中国农业出版社,2009.

[4] 曾元根,徐公义.兽医临床诊疗技术[M].2版.北京:化学工业出版社,2015.

[5] 邓干臻.兽医临床诊断学[M].2版.北京.科学出版社,2017.

[6] 王俊东,刘宗平.兽医临床诊断学[M].3版.北京:中国农业出版社,2022.

[7] 徐作仁,顾剑新.兽医临床诊疗技术[M].2版.北京:化学工业出版社,2010.

[8] 李玉冰.兽医临床诊疗技术[M].2版.北京:中国农业出版社,2011.

[9] 何德肆.兽医临床诊疗技术[M].2版.重庆:重庆大学出版社,2011.

[10] 章红兵,丁岚峰.兽医临床诊疗基础[M].北京:科学出版社,2012.

[11] 徐世文.兽医临床诊疗基础[M].3版.北京:中国农业出版社,2012.

[12] 刘德成,刘山辉.临床兽医基础[M].北京:中国农业大学出版社,2014.

[13] 吴敏秋.兽医临床诊疗技术[M].5版.北京:中国农业大学出版社,2021.

[14] 王世雄,薛增迪,黄解珠.兽医临床诊疗技术[M].武汉:华中科技大学出版社,2010.

[15] 舒鸣,苏伍珍.兽医临床诊疗技术[M].杨凌:西北农林科技大学出版社,2019.

[16] 曹授俊,李玉冰.兽医临床诊疗技术[M].3版.北京:中国农业出版社,2020.